TURING 图灵新知

你不可不知的
50个化学知识

[英] 海利·伯奇◎著　卜建华◎译

U0262389

50 Chemistry Ideas You Really Need to Know

人民邮电出版社
北 京

图书在版编目（CIP）数据

你不可不知的50个化学知识 / （英）海利·伯奇著 ；
卜建华译. -- 北京 ：人民邮电出版社，2017.1
　（图灵新知）
　ISBN 978-7-115-43685-6

　Ⅰ．①你… Ⅱ．①海… ②卜… Ⅲ．①化学－普及读
物 Ⅳ．①O6-49

　中国版本图书馆CIP数据核字(2016)第243305号

内 容 提 要

　　本书精选化学中 50 个重要的概念，深入浅出地介绍了化学是如何理解世界的（原子、能量、化学平衡、氧化还原等）、化学家有哪些武器可用（分离、电解、晶体学、计算化学等），以及化学如何深入我们生活的每个角落（汽油、塑料、药物、复合材料等）并致力于创造一个更美好的世界（绿色化学、3D 打印、人造肌肉、未来燃料等）。读完本书，相信你将深切感受到化学真正的魅力，并且或许也会同意作者所说，化学其实是最好的科学。

◆ 著　　　　[英]海利·伯奇
　　译　　　　卜建华
　　责任编辑　楼伟珊
　　责任印制　彭志环
◆ 人民邮电出版社出版发行　　北京市丰台区成寿寺路 11 号
　　邮编　100164　电子邮件　315@ptpress.com.cn
　　网址　http://www.ptpress.com.cn
　　固安县铭成印刷有限公司印刷
◆ 开本：787×1092　1/24
　　印张：8.75　　　　　　　　2017 年 1 月第 1 版
　　字数：220千字　　　　　　2024 年 11 月河北第 36 次印刷
　　著作权合同登记号　图字：01-2015-8504号

定价：35.00元
读者服务热线：(010)84084456-6009　印装质量热线：(010)81055316
反盗版热线：(010)81055315
广告经营许可证：京东市监广登字 20170147 号

版 权 声 明

PICTURE CREDITS

107: Emw2012 via Wikimedia;

189: University of Hasselt;

192: NASA.

All other pictures by Tim Brown.

目　录

引　言

　　化学常常被人视为"次等科学"。这不，前几天就有一位化学家向我抱怨，她已经厌倦了自己的专业被人说成是"一群人用难闻的东西把实验室鼓捣得一团糟"。当然，化学并不总是如此不受待见，但通常情况下，它还是被认为不如生物学有用，也不如物理学有趣。

　　因此，作为一本化学书的作者，我面临的首要挑战便是纠正大众对化学的偏见，展示化学真正的魅力。很多人并不知道，化学其实是最好的科学。

　　化学可以说是万物的基础。它的结构单元（原子、分子、化合物以及混合物）构成了地球上的所有物质；化学反应支撑着生命，并创造了生命所需的所有物质；而化学品则渗透到现代生活的每一个角落——从啤酒到莱卡热裤。

　　化学之所以存在形象问题，我认为是因为我们没有把精力放在化学中那些有趣或有用的事情上，而是纠结于化学原理和规则、分子结构式、实验流程之类的东西。也许化学家会说这些规则和流程的确非常重要，但其中大多数人也会同意它们确实无趣。

　　因此，在本书中我们不会过多地涉及规则，如果读者想了解它们，可以参考其他书籍或者资料。我会将本书的关注点尽量放在化学中我认为有趣和有用的内容上。这也算是向我的总是打着漂亮领带的化学老师斯迈尔斯先生致敬，他曾向我演示了如何制造肥皂和尼龙。

01　原子

原子是化学以及我们宇宙的基本结构单元，它们构成了元素、行星、恒星以及你和我。弄清原子由何构成以及它们之间如何相互作用，就几乎能解释实验室以及大自然中发生的所有化学反应。

比尔·布莱森曾写过一句非常著名的话：我们每个人体内都可能含有十亿个曾经属于威廉·莎士比亚的原子。"哇，"你可能会想，"十亿个莎士比亚的原子，那可真不少！"十亿是个大数目，但有时也不是。一位三十三岁的人在这个世上度过的时光大约是十亿秒，十亿粒精盐大概可以装满一个普通浴缸，但十亿个原子还不到人体原子总数的一百亿亿分之一。换句话说，人体含有超过一千亿亿亿个原子，而十亿个已故莎士比亚的原子还构不成一个脑细胞。这也从一个侧面展现了原子是多么小。

多汁的桃子　原子如此之小，很久以来人类一直无法直接观测它们，直到超高分辨率显微镜技术出现才改变了这一状况。2012 年，澳大利亚科学家终于设法拍摄到了单个原子投下的影子。不过，化学家并不总是需要亲眼看到它们才能认识到，在某一根本层面上，原子可以解

大事年表

约公元前 4 世纪	1803 年	1904 年	1911 年
古希腊哲学家德谟克利特提到不可见的类似原子的粒子	约翰·道尔顿提出原子理论	J.J. 汤姆森提出原子的"梅子布丁"模型	欧内斯特·卢瑟福描述了原子核

释实验室以及生命中大多数化学过程是如何发生的。更确切地说，这些化学过程与原子外层的一种更为微小的亚原子粒子——电子的活动有关。

如果把一个原子比作一只桃子，那么位于桃子中间的桃核便是原子核，它由质子和中子构成，而多汁的果肉便由电子构成。事实上，如果真有一只像原子一样的桃子，那么它大部分都是多汁的果肉，桃核则非常小，以至于你吞下它时都不会察觉到。这形象地说明了原子的大部分空间都被电子所占据。然而，原子核虽小，却维系着一个原子的存在。它含有带正电荷的质子，能够对带负电的电子产生足够的静电引力，防止电子四散逃逸。

原子理论与化学反应

1803 年，英国化学家约翰·道尔顿在一次演讲中提出了原子理论，认为物质是由不可分割的微小粒子——原子构成的。要而言之，不同的元素由不同的原子构成，它们之间可以相互结合生成化合物，而化学反应则是这些原子的重新组合。

为什么氧原子会是氧原子？ 并非所有原子都是相同的。你可能已经意识到一个原子与一只桃子并没有多少相似之处。但我们不妨继续使用这个比喻，并扩展水果的品种，那么我们就可以得到很多不同品种或"风味"的原子。如果将一个氧原子比作一只桃子，那么一个碳原子可能就是一个李子。两者都是由电子包裹着原子核而构成的小球，但性质却有天壤之别。氧原子喜欢成双成对形成氧气分子（O_2）漂浮在空中，而碳原子则喜欢相互连接在一起形成坚硬的金刚石或铅笔中的石墨（C）。而让它们成为不同元素（参见第 6 页）的根源是它们的质子数。

1989 年
IBM 的科学家用原子拼写出"IBM"

2012 年
希格斯玻色子的发现完善了原子的标准模型

"解剖"一个原子

在 J.J. 汤姆森提出的早期的"梅子布丁"原子模型中，原子是一个带有正电荷的"布丁"，其中均匀分布着一些带有负电荷的"梅子"（电子）。后来原子的模型才成为现在的样子：质子与另外一种名为中子的亚原子粒子一起构成了一个微小、致密的原子核，它的周围笼罩着电子云。我们还知道质子和中子由更小的粒子——夸克构成。化学家通常不会与这些更小的粒子打交道，它们是物理学的研究对象，可以通过加速器轰击原子发现它们的身影。但需要注意且非常重要的一点是，原子以及宇宙中物质相互结合的模型是在不断发展的。比如，2012 年希格斯玻色子的发现，确认了另外一种粒子的存在，这种粒子早已被物理学家纳入模型并用于预测其他一些粒子。然而，还需要做很多工作去确认它是否就是物理学家一直在寻找的那一类型的希格斯玻色子。

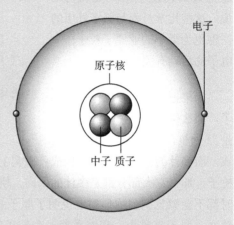

带有正电荷的质子和不带电荷的中子构成了密度惊人的原子核，带有负电荷的电子环绕其运动

氧原子拥有八个质子，比碳原子多两个。有些重元素（像镭、锗等）的原子核中有上百个质子。这么多正电荷挤在一个小小的原子核中，它们相互排斥，平衡很容易被打破，因而这些重元素都是不稳定的。

通常，一个原子，无论其是何种"风味"，都会拥有与原子核中质子数目相同的电子。如果一个原子"丢失"了一个电子，或是获得了一个额外的电子，原子核所拥有的正电荷数目便与外层电子的负电荷数目不再相同，这时原子便成为了化学家所说的"离子"——带有电荷的原子或者分子。离子非常重要，它们所带的电荷会帮助物质（比如食盐中氯化钠以及石灰石中碳酸钙）紧密地聚集在一起。

构筑生命的"砖块" 除了构成厨房里的调味品，原子还构成了所有会爬、会呼吸或会生根的生物，构筑了它们体内那些结构令人惊叹的复杂分子，比如 DNA 和蛋白质（肌肉、骨骼、毛发的主要成分）。这些都是原子与原子通过化学键（参见第 18 页）生成的。然而，地球上生命的有趣之处在于，尽管它们的多样性令人眼花缭乱，但无一例外都含有一种原子：碳。

从幽暗深邃的海底热泉烟筒附近居民身上的细菌到翱翔在天空中的鸟儿，这个星球上没有哪种生命体内不包含碳元素。但由于我们还没在其他地方发现生命，我们无从得知这是否只是生命进化的偶然选择，也无从得知生命是不是可以使用其他原子繁衍生息。科幻小说的粉丝倒是应该很熟悉其他类型的生物，比如《星际迷航》以及《星球大战》中出现的硅基外星生物。

原子排排坐 纳米技术（参见第 178 页）领域的进步，让更高效的太阳能电池板、定向消灭癌细胞的药物等不再是科学幻想，也让原子世界成为了世界关注的焦点。纳米技术所要面对的是十亿分之一米的世界，虽然这一尺度依旧大于单个原子的尺寸，但已经可以触碰到数个原子以及单个分子了。2013 年，IBM 的科学家"拍摄"出了世界上最小的定格动画，内容是一个小男孩在玩皮球，其中的小男孩和皮球都由铜原子构成，每个原子都清晰可见。终于，科学开始能够在化学家看待这个世界的尺度上有所作为了。

> 66 **生命之美不在于组成它的原子，而在于这些原子的组成方式。** 99
>
> —— 卡尔·萨根

砖块

02 元素

化学家花了很大气力去发现新元素，它们是最基本的化学物质。元素周期表提供了排列、整理这些元素的方法，但它并不仅仅只是一个"花名册"，它的布局暗示了各个元素的性质以及遇到其他元素之后它们的行为。

17 世纪的炼金术士亨尼希·布兰德非常痴迷于炼金。他在婚后辞去了军官的工作，用妻子的钱作为经费，试图找到炼金术士们已经搜寻了数个世纪的"哲人石"。传说这种神秘的矿石或者物质能够将普通金属（比如铁和铅）"点化"成金。当他的第一任妻子去世后，他又续娶了一位，然后一如既往地继续他的搜寻工作。布兰德看来非常相信哲人石能够用人的体液来合成，因此收集了至少 1500 加仑（约合 5700 升）人尿来试图合成它。1669 年，布兰德通过蒸馏、分离人尿，最终做出了一项惊人的发现。当然，并不是得到了哲人石，而是一种新元素。布兰德在无意之中成为了第一位利用化学方法发现新元素的人。

布兰德得到的是一种含磷的化合物。由于它可以在黑暗中发光，布兰德称之为"冷火"。不过直到 18 世纪 70 年代，磷才被确认为一种新元素。在那个时期，元素的发现接踵而至，氧、氮、氯以及锰元素都是

大事年表

1669 年	1869 年	1913 年
利用化学方法发现了第一种元素——磷	门捷列夫发表第一张元素周期表	亨利·莫塞莱通过原子序数定义元素

在那十年间被发现的。

1869 年，在布兰德发现磷两个世纪之后，俄国化学家德米特里·门捷列夫编制出了他的元素周期表，磷也在其中的硅元素与硫元素之间找到了自己的正确位置。

元素是什么? 在很长的一段历史时期，"元素"指的是火、气、水、土。后来，由于亚里士多德认为星星不可能由上述四种地球上的元素制

解密元素周期表

在元素周期表（参见第 202 和 203 页）中，元素以元素符号及元素名称表示。其中一些元素的元素符号来自其英文名称的缩写，比如硅 Si 来自 silicon；而另外一些，比如钨 W，显然与它的英文名字 tungsten 无关，它们通常来自元素的古名（比如其拉丁文名或者希腊文名）。元素符号左上角的数是元素的相对原子质量，约等于其原子核中核子（质子和中子）的数目；右上角的数则是它的质子数，即原子序数。

成，因而又加上了神秘的第五元素：以太。在英语中，元素（element）这个词来源于拉丁语 elementum，意为"第一原理"或"最基本的形式"。这对元素来说是一个不错的描述，但没有解释清楚元素与原子的区别。

区别其实很简单：元素是任意量的物质，而原子是微观的基本结构单元。一块磷便是磷元素的原子的聚集体——顺便一提，它是一种有毒化学品以及神经毒气的成分。有趣的是，并不是所有的磷块都是一样的，因为它的原子可以通过不同的方式排列，从而改变它的内部结构以及外观。根据磷原子的组合方式，它可以呈现出白、黑、红或紫等不同颜色。这些不同颜色的"磷"的性质也大不相同，比如它们的熔

1937 年	2000 年	2010 年
合成出第一个人造元素——锝	俄罗斯科学家合成出超重元素镥	发现 117 号元素

点就相差巨大，白磷在炎热的阳光下就会融化，而黑磷需要在炙热的炉子中加热到 600ºC 才行。但两者都由同一种含有 15 个质子和 15 电子的原子构成。

元素周期表的结构　对于外行人来说，元素周期表（参见第 202 和 203 页）看上去就像是不太正统的俄罗斯方块，其中有一些方块还没有落到底部（依元素周期表的版本而定），像是需要好好地整理一下。事实上，它已经很好地整理过了，任何一位化学家都能轻易地从这貌似杂乱的表格中找到所需要的东西。门捷列夫按照元素的原子结构和性质巧妙地设计了元素周期表，将暗含的秩序隐藏在了外表的杂乱之下。

沿着周期表的行从左到右，元素按照它们的原子序数，也就是元素原子核中的质子数排列。而门捷列夫的这项发明的巧妙之处在于，当元素的性质开始重复时，元素周期表便开始新的一行。因此，周期表的列蕴含着更为巧妙的设计。以周期表最右侧的一列为例，这一列包含氦到氡六种元素，它们在室温下都是无色无味的气体，几乎不参与任何化学反应，因而被称为惰性气体（或者稀有气体）。比如，氖极不活泼，人们从未得到过它与其他元素生成的化合物。之所以如此，原因在于它的电子。任何原子的电子都是一层层排布的，称为电子层。每个电子层所能容纳的电子数是一定的，一旦一个电子层被排满，剩余的电子就必须进入外层电子层中去。由于原子的电子数与其原子序数相同，因而每种元素都具有不同的电子构型。而惰性气体的电子构型最主要的特征是最外层处于全满的状态，这是一种非常稳定的结构，意味着这些电子非常难以参与反应。

> **"化学反应就像是一个舞台……上面的演员就是化学元素。"**
>
> —— 克莱门斯·亚历山大·温克勒，锗元素的发现者

我们还能够从元素周期表中找到很多其他规律。比如，从一种元素的原子中打掉一个电子所需的能量，是按照元素周期表从左往右、从下

往上的顺序逐渐增大的。

又比如，元素周期表的中部几乎全部由金属元素占据，而且越靠近左下角金属性越强。化学家可以利用他们所掌握的这些规律来预测某种元素在化学反应中的表现。

超重元素 化学与拳击为数不多的相似点之一是，它们都有"超重量级选手"。化学中的"超重量级选手"称为超重元素，是指那些原子核非常重的元素，它们都"沉"在了元素周期表的底

寻找更重的超重元素

没有人喜欢骗子，但各行各业包括科学界都不乏骗子。1999 年，来自加州劳伦斯伯克利实验室的科学家们发表了一篇论文，宣称他们发现了 116 号和 118 号元素。然而，事情并不是这么简单。在看过他们的论文之后，其他一些科学家试图重复他们的实验，但无论怎么努力，他们都没有得到过哪怕 116 号元素的一个原子。最终证明是"发现者"中的一位伪造了数据。这使项目资助方，一家美国政府机构非常尴尬地撤回了相关的官方报道。论文最终撤稿，伪造数据的科学家被解雇，而发现 116 元素的荣誉则在一年后归于一个俄罗斯的科研小组。这件事说明发现一种新元素所能带来的荣誉足以让一名科学家以他的整个职业生涯做赌注。

部；与此相对应，那些"最轻量级选手"则"漂浮"在周期表的顶部，比如氢和氦元素，它们的原子加起来只有三个质子。伴随着更重的元素不断被发现，元素周期表也一直在扩展。但具有放射性的 92 号元素铀是最后一种存在于自然界中的元素。尽管铀在衰变后能够产生钚，但它的量微乎其微。钚可以在核反应堆中发现，而其他超重元素则是通过在加速器中轰击原子得到的。寻找重元素的步伐依旧在前进，显然这要比蒸馏体液复杂多了。

最简单的物质

03 同位素

同位素指的并不只是那些制造原子弹和杀人毒药的危险物质。其实，很多元素都存在同位素，它们之间的区别仅仅是所含的一种亚原子粒子的数目略有不同而已。同位素存在于我们呼吸的空气中以及喝的水中，你甚至还可以用它（非常安全地）制出能沉到水下的冰块。

冰通常浮于水上，不过有时也不一定。类似地，同一种元素的所有原子通常都相同，不过有时也有不同。如果我们取最简单的氢元素，那么毋庸置疑所有的氢原子都含有一个质子和一个电子。换言之，如果一个原子的原子核中有不止一个质子，那么它就不是氢原子。但如果向氢原子核中再加入一个中子，那它还是氢原子吗？

中子是拼图中丢失的一块，物理学家和化学家直到 20 世纪 30 年代才找到它（参见对页"丢失的中子"）。这种中性粒子不会改变一个原子的电荷平衡，却会显著地改变它的质量。在氢原子的原子核中加入一个或两个中子，足以使得冰沉到水底。

重水　向氢原子核中加入一个中子，会使这种"最轻量级"的原子核子数加倍，从而变得大不相同。由此生成的原子叫作"重氢"，学

大事年表

16 世纪	1896 年	1920 年
炼金术士试图将廉价的物质转化为贵金属	首次利用辐射治疗癌症	欧内斯特·卢瑟福初步描述了中子

丢失的中子

中子由物理学家詹姆斯·查德威克发现，他后来参与了原子弹的研制。他的这一发现解决了一个与元素重量有关的棘手问题。多年以前，科学家就已经发现每种元素的原子都明显比应有的重。在查德威克看来，如果原子核只含有质子的话，它们绝对不可能这么重。这就像是化学元素背着一麻袋砖头去度假，只是没人能发现这些砖头都藏在了哪里。他的导师欧内斯特·卢瑟福认同他的观点，认为原子"私藏"了一些亚原子粒子，并在 1920 年描述了这些中性粒子。但直到 1932 年，查德威克才找到了确凿的理论支持这一理论。他利用钋的射线轰击银色的金属铍，从而得到中性的亚原子粒子——中子。

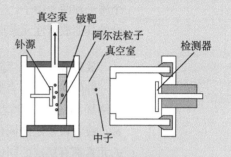

从铍靶上撞击出中子的反应是：

$$^4_2He + ^9_4Be \rightarrow ^1_0n + ^{12}_6C$$

名为氘（用 D 或者 ^2H 表示）。它会像普通氢原子一样与氧原子结合生成水，当然生成的不是普通水（H_2O），而是多一个中子的"重水"（D_2O），它还有一个不太常用的正式名称（氧化氘）。你可以用它做一个小小的"科学魔术"，在网上买一点重水（这很容易），将其放入冰箱中冻成冰块，然后丢进一杯普通水中，你猜咋样？它沉底了！为了更加直观，可以同时加入一块普通冰作为参照，这会让你以及你的观众充分体会到一个亚原子粒子的威力。

1932 年	1960 年	2006 年
詹姆斯·查德威克发现中子	威拉德·利比因碳-14 测年法获颁诺贝尔化学奖	亚历山大·利特维年科死于放射性钋中毒

在自然界中，大约每 6400 个氢原子中会有一个重氢原子。另外，氢原子还有第三种同位素——氚（或者称为超重氢）。氚的原子核中含有一个质子和两个中子。它更为稀有，在家中操作也不安全，因为它不稳定，会像其他放射性元素那样发生衰变。它被用在引发氢弹爆炸的机制当中。

放射性 由于"同位素"一词经常与"放射性"联系在一起，因此有一种倾向认为所有的同位素都具有放射性。事实当然不是这样，我们刚刚提到的氢元素就是一个很好的反例，它拥有一种非放射性的同位素，或者说稳定的同位素。除此之外，碳、氧以及其他一些自然界存在的元素都有稳定的同位素。

不稳定的、具有放射性的同位素会衰变。也就是说，它们的原子会分解，并以质子、中子、电子的形式从原子核中释放出物质（参见本页"射线的类型"），结果使它们的原子序数发生变化，从而变成了其他元素。这听上去不就是 16 和 17 世纪那些炼金术士们梦寐以求的、将一种元素变成另一种元素的能力吗？（在他们看来，另一种元素自然最好是金子！）

每种放射性元素都有不同的衰变速率。比如，原子核中含有 14 个核子的碳 -14（普通的碳只有 12 个）是一种放射性同位素，但它很安全，操作时并不需要特殊的防护。如果将一克碳 -14 放在窗边，你需要很长的时间来观察它的衰变。准确地说，其中一半碳 -14 原子完全衰变需要 5700 年。这一表示衰变速率的方式称为半衰期。与碳 -14 相比，钋 -214 的衰变速率就快得多了。它的半衰期不到千

射线的类型

阿尔法射线含有两个质子和两个中子，相当于氦原子核，它的穿透能力较弱，用一张纸就可以挡住。贝塔射线是高速移动的电子流，它能够穿透皮肤。伽马射线是与可见光相似的电磁波，只有厚厚的铅块才能挡住它；伽马射线破坏力很强，高能伽马射线被用作放疗以杀死癌细胞。

分之一秒，你甚至来不及在它完全衰变之前将它
放到窗边，当然这样做也非常危险。

俄罗斯前特工亚历山大·利特维年科则是被
钋的一种较稳定的同位素钋-210杀死的，这种
同位素的半衰期为数天。另外，巴勒斯坦前领导
人亚西尔·阿拉法特也被怀疑死于这种同位素。
钋-210进入人体后，衰变时所产生的辐射会破坏细胞，引起疼痛、恶
心，并破坏免疫系统。在调查这些事件的时候，科学家寻找的证据是
钋衰变的产物，因为钋-210本身早已不在了。

回到未来 放射性同位素可以致命，但也可以帮助我们了解过去。
我们刚才放在窗边慢慢衰变的碳-14便有好几项科学用途，其中之一是
通过碳-14测年法测定化石的年龄，另外一项则是研究过去的气候。由
于放射性同位素的衰变速率可以精确地测定，科学家因而可以通过分
析不同同位素之间的比例，测定出文物、死去的动物以及冰层中所含大
气的年份。动物在活着的时候，会吸入少量天然生成的、以二氧化碳形
式存在的碳-14；而当动物死亡之后，这一过程便停止了，它们体内的
碳-14含量则会因为衰变而减少。由于科学家已经确切地知道碳-14的
半衰期为5700年，他们便能计算出变成化石的动物是何时死去的。

从已经冰冻了成千上万年的冰盖或冰川中钻取出的冰芯常常含有一
些气泡。通过测定同位素的含量确定气泡的年龄，再分析出其中的成
分，科学家便可以了解地球大气随时间演变的情况。这些研究能够帮助
我们预测二氧化碳水平的持续变化对地球未来气候的影响。

> **很少有哪项化学发现能够在如此多的领域产生如此深刻的影响。**
>
> —— 威拉德·利比因碳-14测年法获得诺贝尔化学奖时，维斯特格伦教授的致辞

因中子而大不同

04 化合物

在化学王国中，有些物质只含一种元素，另外一些则含有多种元素，后者被称为化合物。正是当多种元素组合在一起之后，化学的多样性才明显地显现出来。很难估计到底存在多少种化合物，而且每年都有大量新化合物被合成出来，它们的用途也多种多样。

在科学界中，有时会突然出现一项发现与普遍认为的基本定理相悖。一开始，大家都会对其表示怀疑，认为是不是哪里弄错了，或者是不是数据有问题；然后，当无可辩驳的证据出现之后，教科书不得不重新修订，一个崭新的科研领域也就此打开。当尼尔·巴特利特在 1962 年发现一种新化合物时，情况便是如此。

巴特利特在一个周五的晚上做出了这项发现。他让氙气和六氟化铂这两种气体混合，结果得到了一种黄色的固体，后来证明这是一种氙的化合物。你可能会觉得这没什么可惊奇的，但在他那个时代，大多数科学家还认为包括氙在内的所有惰性气体（参见第 8 页）都不会参与任何反应，更不会生成任何化合物。这种新物质被命名为六氟铂酸氙，巴特利特的工作很快激起了科学家寻找其他稀有气体化合物的兴趣。在随后

大事年表

1718 年	19 世纪早期	1808 年
艾蒂安·弗朗索瓦·日夫鲁瓦发表显示物质结合方式的"化学亲和表"	克劳德-路易·贝托莱与约瑟夫-路易·普鲁斯特就元素相互结合的比例进行辩论	约翰·道尔顿提出的原子理论确认元素以固定的比例相互结合

的几十年间，总共又发现了一百多种。如今含有惰性气体元素的化合物已经被用在制造抗癌试剂以及眼科激光手术当中。

元素共舞 巴特利特的这个化合物也许是意料之外的收获，但它的作用不只在于作为科学发现推翻某个广泛接受的"真理"的例子。它也表明了一个事实，即单质（特别是那些不活泼的单质）本身的用处并不是很大。当然，它们确实也有为数不多的一些应用，比如氖灯、碳纳米管以及氙气麻醉等。不过，如果化学家想得到能够拯救生命的药物或尖端材料，他们还是得合成一些结构可能很复杂、由多种元素构成的"新组合"。

一种元素与另外一种或者多种元素"共舞"生成的化合物是几乎所有现代产品，比如燃料、纤维、化肥、染料、药物、清洁剂等的基础。而我们在日常生活中接触的物品除了极少

化合物还是分子？

所有的分子都包含不止一个原子，这些原子可能来自同一元素，像是 O_2，也可能来自不同元素，像是 CO_2。但 O_2 和 CO_2，只有 CO_2 是化合物，因为它是由不同的元素通过化学键连接而得到的。因此，并非所有分子都是化合物，那么是不是所有的化合物都是分子呢？这个问题的关键在于离子（参见第 17 页"离子"）。由离子构成的化合物不会形成传统意义上的分子。比如在食盐中，大量的钠离子（Na^+）与大量的氯离子（Cl^-）通过一种有序、重复的晶体结构相互键合，因此食盐中并不存在严格意义上的氯化钠分子。而氯化钠的化学式（NaCl）只是表明钠离子与氯离子的比例，并不表明其中含有真实存在的分子。不过，化学家也并不排斥谈论所谓的"氯化钠分子"。

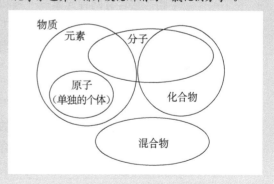

1833 年
迈克尔·法拉第与威廉·休厄尔
共同定义了离子

1962 年
尼尔·巴特利特证明惰性气体可以形成
化合物

2005 年
估算出由碳、氮、氧、氟构成，包含至多 11 个
原子的化合物的数量

> **"我想找人分享这一激动人心的发现，但显然大家都去吃晚饭了。"**
> ——尼尔·巴特利特

数，比如铅笔中的"铅芯"是由单质构成的以外，也几乎全部都是化合物。生物以及大自然的产物，像是木头、水等，也是化合物。事实上，它们的结构可能更为复杂。

化合物与混合物　在讨论化合物前，首先需要弄清一个重要的问题。虽然化合物是包含两种或者多种元素的化学物质，但仅仅将两种或者哪怕十种元素放在一起并不能让它们变成化合物。化合物中各种元素的原子必须"共舞"，也就是必须形成化学键（参见第 18 页）。如果没有形成化学键，所得到的不过是混合了多种元素原子的"元素鸡尾酒"，在化学中称为混合物。某些元素的同种原子之间也会相互结合，比如空气中的氧大多都以成双成对的氧分子（O_2）形式存在。氧分子同样不是化合物，因为它只含有一种元素。

化合物，因此可以定义为含有一种以上元素的物质。水是一种化合物，它含有两种元素——氢和氧；它同时还是一种分子，因为它包含不止一个原子。现代材料以及工业品大多都是由分子组成的化合物。但并非所有的分子都是化合物，当然也并不是所有的化合物都是分子（参见第 15 页"化合物还是分子？"）。

聚合物　某些"化合物"可以看作由其他化合物相连而得到。换句话说，它们由许多结构相同的基本单元通过重复连接构成，就像是丝线串成的一条珠链。这种"化合物"称为聚合物。其中有些可以通过它们的名字分辨出来，比如制作购物袋的聚乙烯、制作黑胶唱片的聚氯乙烯（PVC），以及制作装箱防撞材料的聚苯乙烯等。另外一些聚合物就不太容易从它们的名字中辨认出它们的身份了，比如尼龙和丝绸。而细胞内的脱氧核糖核酸（DNA）以及肌肉中的蛋白质也是聚合物。无论是在天然的还是人造的聚合物中，重复单元都被称为单体。将单体连在一起便形成了聚合物。其中尼龙的合成常常被用作学校实验课的演示与教学实验，学生可以很轻松地从烧杯中挑起一条尼龙线，然后就像缠棉线一样将其缠到一个线轴上。

生物大分子 像DNA（参见第138页）这类生物大分子，结构都非常复杂，大自然经过了数百万年的进化才完善了它们的"合成技术"。DNA的单体称为核酸，本身就是一种结构复杂的化合物，它们相连之后形成一条聚合物长链，其中包含着遗传密码。为了从单体合成DNA，生物使用了一种特殊的酶将这些单独的"珠子"串成珠链。进化让我们的身体能够合成出如此复杂的化合物，真是令人惊叹。

那么世上到底有多少种化合物？最诚实的答案是"不知道"。2005年，瑞士科学家试图弄清只包含有碳、氮、氧、氟，并能够稳定存在的化合物到底有多少种。他们的估算是近140亿种，而且这只涉及那些总原子数不超过11的化合物。"化学的宇宙"同样浩渺。

离子

当一个原子获得或者失去带负电荷的电子之后，它的电荷平衡就会发生改变，从而变得带电。这种带电的原子被称为离子。分子同样可以发生这种情况而形成所谓的"多原子离子"，比如硝酸根离子（NO_3^-）、硅酸根离子（SiO_4^{4-}）。带有异种电荷的离子之间通过离子键结合是生成物质的一条重要途径。

化学结合

05 聚集在一起

食盐是怎样聚集成颗粒的？水为何要到100°C才沸腾？以及非常重要地，为何一块金属就像是一个嬉皮公社？要回答这些问题，以及更多类似的问题，我们需要特别关注那些"生活"在原子之间和周围的带负电荷的电子。

原子会相互聚集，如果不是这样，那会发生什么呢？好吧，宇宙将会变得一团糟，失去了使材料聚集在一起的化学键和力，我们熟悉的一切将不复存在。原来构成你身体、鸽子、苍蝇、电视、爆米花、地球和太阳的所有原子将会漂浮在一锅几乎无限广阔的"原子汤"中。那么原子究竟如何聚集在一起呢？

负电荷 分子和化合物中的原子总会利用它们的电子通过某种方式相互聚集在一起。这些微小的亚原子粒子会在带正电的原子核周围形成带负电的电子云，它们会有次序地进入不同的层或"电子壳层"中。由于每种元素的电子数都不相同，它们最外层的电子数也存在差异。这使得一个钠原子的电子云与一个氯原子的电子云在外观上略有差异，而这又会导致一些有趣的结果。事实上，这正是两者能够聚集在一起的原因。钠原子很容易失去它最外层的一个电子，从而变成带正电的钠离子

大事年表

1819 年	1873 年
约恩斯·雅各布·贝采里乌斯提出化学键由静电吸引产生	约翰尼斯·迪德里克·范德华推导出计算气体和液体分子间作用力的公式

（Na⁺），而氯原子则很容易获得一个电子进入它的最外层，变成带负电的氯离子（Cl⁻）。带正负电荷的阴阳离子相互吸引，化学键便形成了，而我们也得到了一些食盐（即氯化钠，NaCl）。

通过研究元素周期表，我们开始了解到电子得失难易程度的规律，同时意识到正是这个小小负荷的分布决定了原子是如何聚集在一起的。获得、失去或者分享电子的方式将决定原子之间化学键的类型以及这些原子形成的化合物的类型。

生活方式 原子间主要存在三种化学键。第一种是共价键，通过这种化学键结合的化合物，每个分子中的原子就像是一家人。它们共同拥有一些电子（参见本页"单键、双键和三键"），而这些电子只有同一个分子中的成员才有权共享。可以用这样一种生活方式来类比，每个分子都是一个家庭，住在漂亮的独栋房子中，守护

单键、双键和三键

简单来说，一个共价键可以看作是一对共享电子。每个原子可以用于共享的电子的数目通常就是它最外层电子的数目。比如，碳原子有四个最外层电子，它就可以形成四对共享电子，或者说四个化学键。这一点对于绝大多数有机化合物至关重要，它们通常拥有一个碳原子构成的骨架，并由其他种类的原子进行"装饰"。比如，在长链有机化合物中，碳原子和碳原子之间、碳原子和其他原子（常见的是氢原子）便共享着电子。但有时两个原子之间会共享一对以上的电子，比如常见的碳碳双键和碳氧双键；有时甚至会出现三键，也就是两个原子共享三对电子。当然，并不是所有的原子都有三个电子可以共享，氢便只有一个电子。

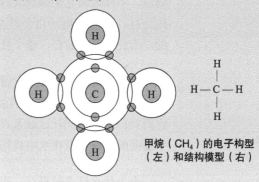

甲烷（CH₄）的电子构型（左）和结构模型（右）

1912 年
汤姆·摩尔和托马斯·温麦尔提出氢键的概念

1939 年
莱纳斯·鲍林出版《化学键的本质》一书

1954 年
莱纳斯·鲍林因在化学键方面的工作被授予诺贝尔奖

2012 年
量子化学家提出一种存在于超强磁场（比如白矮星）中的新型化学键

> **我刚刚度过了一个短暂的假期，期间我带了几本书，包括一些侦探小说和您的《化学键的本质》。最终，我发现您的书是最精彩的。**
>
> —— 美国化学家吉尔伯特·路易斯写给莱纳斯·鲍林的信，1939 年

着自己的财物。二氧化碳、水、氨（肥料中散发臭味的分子）等分子便属于这一类。

第二种是离子键。它通过阴阳离子间的"异性相吸"成键，前面提到的氯化钠便是很好的例子。采用这种化学键就像是生活在公寓之中，每位住户的上下左右都住着邻居。这里没有独栋房子，只有高层公寓。住户们的大部分私有物品归自己所用，但隔壁邻居会送来或者拿走单独的电子。这些原子因此变成了带有不同电荷的离子，它们正是这样键合在了一起，形成所谓的离子化合物（参见第 17 页 "离子"）。

最后一种是金属键。金属中的化学键有点特别，虽然同样来自阴阳离子的相互吸引，但带负电的电子是自由的，飘浮在带正电的金属离子周围，不断地被它们捕获又释放。因此，这里不像高层公寓，而更像嬉皮公社，所有的电子由公社全体成员共享。由于所有的物品都是共用的，因此不存在偷窃，整个社会就像是通过相互信赖维系着。

然而，仅靠这三种化学键并不足以让整个宇宙聚集在一起。除了这些存在于分子和化合物内的强化学键，还存在着一些较弱的相互作用，它们就像是将不同社区联系在一起的社会关系，使分子聚集在一起。其中最强的一种可以在水中找到。

水为什么这么特别？ 很多人也许从未意识到，将水壶中的水煮开需要加热到 100℃ 是一件相当奇怪的事情。事实上，水的沸点要比预计的高很多。根据对元素周期表（参见第 202 和 203 页）的研究，可以认为氧与同一列中的其他元素具有类似的性质，但氧之下的三种元素与氢形成的化合物是绝对不可能放到一只水壶中去煮的，因为它们早在 0℃

以下就沸腾了。也就是说，在厨房里的温度下，它们都是气体。而水在0°C以下却以固态，也就是冰的形式存在。那么氧与氢形成的化合物为何能够在那么高的温度下依旧保持液态呢？

答案在于一种使水分子聚集成团、阻止水分子在热量作用下四散飞离的力。这种力被称为"氢键"，存在于一个水分子的氢原子与另外一个水分子的氧原子之间，而它的产生也与电子相关。在水分子之中，氧原子是一个"贪婪的电子收集者"，它霸道地将本该与氢原子共享的电子扯向自己一方，使得氢原子带有一定量的正电荷，自己则带有一些负电荷，因而不同分子中的氢氧原子会相互吸引，形成氢键。由于每个水分子都有两个氢原子，因而它能形成两个类似的氢键。另外，氢键还可以解释冰的晶格结构以及水的表面张力为何大到能够让水黾在水面上行走。

范德华力

范德华力，得名于荷兰物理学家范德华，是一种存在于所有原子之间的弱相互作用力。它产生的原因在于，即使在稳定的原子和分子中，电子也会发生微小的偏移，从而改变其电荷分布。这意味着一个分子的某个部分会暂时带有一定的负电荷，而另外一部分则带有正电荷，不同分子之间因而会相互吸引。在某些"极性"分子（比如水）中存在着永久的电荷偏移现象，从而产生较强的吸引。氢键可以看作是一种较为特别的静电吸引，是一种强的分子间作用力。

共享电子

06 相变

万物易变。对于物质的变化，化学家们起了一个别致的名字：相变。物质可以以多种形态存在，除了常见的气、液、固态，还有一些不常见的相态。

还记得炎炎夏日里被遗忘在口袋中的巧克力会变成什么样子吗？处理它的一个好方法是把它拿出来放到冷的地方，它会再次变硬。但如果你吃掉它，你会觉得味道与原来的有些不同，这又是为什么呢？这里的关键在于理解原本的巧克力与重新凝固的巧克力之间的区别。而要弄清这种区别，我们需要先回到学校的化学课堂。

固态、液态、气态……以及等离子态 关于物质的相态，耳熟能详的有三种：固相、液相和气相。在中学课程中，它们一般被称为物质的三"态"。关于物质相变最常见的一个例子便是"冻水成冰"和"化冰为水"了，它们所描述的是物质固态和液态之间的变化。许多其他物质也能够熔化，也就是从固态变为液态，化学家称之为"受热熔化"。相态通常可以用物质中原子或分子的堆积形态来解释。在固态时，它们就像是在一个拥挤的电梯中，人群紧紧地挤在一起；在液态时，它们则像

大事年表

1832 年	1835 年	1888 年
第一次用熔点鉴定有机化合物	阿德里安 - 让 - 皮埃尔・蒂洛里耶宣布第一次观察到干冰	弗里德里希・赖尼策发现液晶

是在一个大厅中，人群可以较为自由地相互移动；而在气态时，物质的粒子可以更为散开，不受束缚，就像是电梯门一打开，乘客们便"各奔东西"。

"物质的三态"可能是很多人关于相态的所有知识，但物质还存在几种鲜为人知的更为罕见的相态。首先是略带未来气息的等离子态，它已经被用于等离子体电视的显示屏中。当物质处于这一相态时，它有些类似于气态，但其中的物质粒子由于电子解离而带有电荷。继续使用之前的类比说明它与气态的差别，等离子态相当于电梯里的乘客在门打开之后，一起很有秩序地走出电梯。由于所含物质粒子带有电荷，等离子态的物质能够流动而不会四处乱窜。此外，用于液晶电视的液晶也是一种比较奇特的物质相态（参见第 24 页"液晶"）。

不止四种　四态，或者说四相，足以解释我们日常生活中见到的很多变化了，甚至还可以解释一些不常见的变化。比如，在演出和晚会中用来产生浓雾、浓烟以制造气氛的制烟机，它使用的原料是固态二氧化碳（CO_2）。当它滴入热水之后，非常不寻常的变化便会出现：它会从固体不经过液态直接变成气体。（这也正是它为何被称为干冰。）这一现象称为升华。伴随着它的升华，所产生低温的气泡会冷却空气中的水蒸气，产生浓雾。

但四个相态仍然无法解释巧克力的口味为何会在熔化又凝固之后

> **"它快速地在光洁的表面滑过，就像是被一层大气持续不断地托举着，直到它完全消失。"**
>
> —— 法国化学家阿德里安 - 让 - 皮埃尔·蒂洛里耶这样描述他第一次看到干冰时的情景

液晶

液晶的大名可谓世人皆知，现代电子产品几乎都离不开由它制成的液晶显示屏（LCD）。其实，除了液晶显示屏中的材料，很多材料也可以呈现为液晶态，比如细胞中的染色体就可以看作是液晶。正如其名，液晶态是一种处于液态与晶体态之间的状态，它的分子通常为棒状，在一个方向上如液体那样随机排列，而在另外一个方向上则如晶体那样有序排列。产生这一现象的原因是液晶分子间在一个方向上的相互吸引力要弱于在另外一个方向上的。晶体分子形成层与层之间可以滑动的层状结构。甚至在每一层中，随机排布的分子依旧可以前后左右滑动。正是这种运动性和有序排列的结合使得晶体可以表现得像液体。在液晶显示屏中，分子的位置和分子间的空隙能够影响它们反射的光和我们看到的颜色。液晶显示屏便是通过电场改变两层玻璃之间的液晶分子的位置，从而显示出图形和图像。

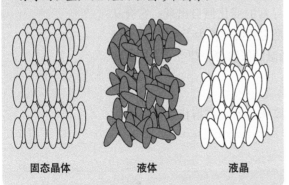

固态晶体　　　　液体　　　　液晶

发生变化的问题，毕竟它还是固态。事实上，这是因为物质在传统的三相或四相之外还有更多的相态。很多固态物质内部就存在多种相态，而这些不同相态的固体物质很多是晶体。巧克力中的可可脂就以晶体形式存在，形成晶体的不同就决定了所处相态的不同。

六种巧克力　终于，我们可以解决巧克力的风味问题了。也许你已经开始怀疑巧克力要比它看上去的复杂。还真是如此。巧克力的主要成分是可可脂，它由一类名为三羧酸甘油酯的分子构成。为了简便起见，不妨依然统称它们为"可可脂"。可可脂至少存在六种不同的晶体结构或者形貌，每种都有不同的结构和熔点。将其熔化后再凝固，它的形貌就会发生变化，同时发生变化的还有它的风味。

即使在室温下，巧克力也会缓慢但持续地向最稳定的形貌转化。这一相变过程解释了为何有时一块放了数月的巧克力，在打开包装后看上去像是生了病。不过，完全可以放心的是，其中出现的"白花"对身体健康无害，它只是"形貌 VI"的可可脂。从某种角度来讲，所有的可可脂都希望变成形貌 VI，因为它是最稳定的形貌。但它的味道却不是那么好，要想减缓可可脂转化为形貌 VI 的过程，可以将巧克力放置在较冷的地方，比如冰箱之中。

新的相态

物质可以以多种相态存在，而且一定还有未发现的相态。比如，科学家好像就不停在发现水（参见第 114 页）的新相态。2013 年，著名的科学期刊《物理评论快报》上刊载了一篇论文，预测在天王星和海王星这类冰冻巨行星的核心应该大量存在一种超稳态、超离子化的冰。

显然，自如地操控不同形貌的巧克力是食品工业中一个令人感兴趣的问题。近几年，人们陆续开展了一些非常精巧的关于其形貌的研究。1998 年，巧克力制造商吉百利甚至使用了一台粒子加速器来探索巧克力口味的秘密，试图绘出不同可可脂晶体的结构以及如何制出入口即化的感觉。

丝滑可口的巧克力源自于形貌 V，但让一大块巧克力都结晶成为形貌 V 并非易事，需要严格地控制熔化的过程，并在特定的温度下冷却，以便晶体以正确的方式生长。当然，更重要的是，你要在它发生相变之前及时吃掉它。因此，孩子们，你们终于有了足够的理由立刻吃掉刚刚买回的所有巧克力了。

不止是固、液、气态

07 能量

能量像是某种超自然的存在：强大却不可感知。尽管我们可以看到它的作用效果，但它从未显露过真容。19世纪，詹姆斯·焦耳的工作为科学界最基础的一条定律奠定了基础，这条定律决定着每一个化学反应中的能量变化。

如果在猜字游戏中遇到"能量"一词，该如何用形体动作表示它呢？这应该比较伤脑筋，因为能量真的是很难描述。它可以是汽油、食物、热量，可以是磁铁、闪电，也可以是压缩的弹簧、飘落的树叶、鼓起的风帆、悦耳的吉他声，还可以是太阳能电池板产生的电能。可是，如果这些都可以是能量，那能量的本质又是什么？

能量是什么？ 所有的生物都需要使用能量来构筑身体、促进成长，有些还需要借助它来运动。人类更是贪婪地收集了大量的能量来点亮我们的家园、推动我们的技术、开动我们的工厂。然而，能量却是我们"最熟悉的陌生人"，它看不见摸不着，难以捉摸。我们曾一直懵懂地感受着它的作用，但直到19世纪我们才真正知道它的存在。如果不是英国物理学家詹姆斯·普雷斯科特·焦耳的工作，我们可能依旧弄不清楚它到底是什么。

大事年表

1807 年	1840 年	1845 年
托马斯·杨创造"能量"一词	焦耳定律将热与电流联系起来	焦耳在题为《论热功当量》的讲演中首次报告螺旋桨实验

焦耳是一位啤酒酿造师的孩子，他没有上过学，全靠自学成才，他的很多实验都是在家中的酿酒厂里做的。他对热与运动之间的关系非常感兴趣，简直可以说是着了魔，甚至在度蜜月时还带上了他的温度计（以及开尔文勋爵的书）以便研究附近一条瀑布上下的温度差。但他在发表论文时却遇到了困

> ## 功
>
> 尽管能量非常难以定义，但可以将它看作是生热或"做功"的能力。可什么是"功"？怎样算是"做功"？"功"其实是物理和化学中一个与运动有关的重要概念。任何物体如果动了，就必定有功施加于它。比如，汽车发动机中发生的燃烧反应释放的热量，会通过使气体膨胀推动活塞"做功"。

难，幸好得到了几位有名的朋友，特别是电学大师迈克尔·法拉第的帮助，他的工作才引起了关注。他的核心洞见简单来说就是：热即运动。

热即运动？初看起来，这句话好像没什么道理。但仔细想一想，为什么在寒冷的冬日里能够通过搓手让手暖和起来？为什么汽车轮胎在行进中会发热？焦耳在那篇发表于 1850 年元旦、题为《论热功当量》的论文中也提出了类似的问题。他提到海水在经历几个风暴天气之后会变暖，同时还详细地描述了自己如何利用螺旋桨进行模拟实验。通过使用精密的温度计对温度进行精确测定，他得到结论：运动可以转化为热。

通过焦耳的研究以及德国科学家鲁道夫·克劳修斯和朱利叶斯·罗伯特·冯·迈尔的工作，我们知道了机械力、热以及电之间存在着密切联系。焦耳的名字也成为了"功"（参见本页"功"）的国际标准单位（缩写为 J）。

1850 年	1850 年	1905 年
经过扩充的《论热功当量》发表在《伦敦皇家学会哲学学报》上	鲁道夫·克劳修斯和威廉·汤姆逊（开尔文勋爵）提出热力学第一和第二定律	阿尔伯特·爱因斯坦通过质能方程（$E=mc^2$）将能量（E）与质量（m）和光速（c）联系起来

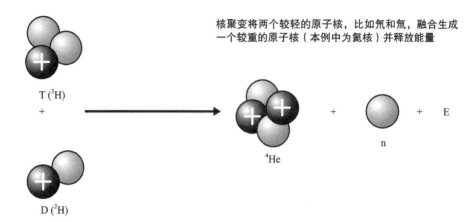

核聚变将两个较轻的原子核，比如氘和氚，融合生成一个较重的原子核（本例中为氦核）并释放能量

善于转化 现如今，我们已经辨识出很多种能量，并知道它们可以互相转换。比如，煤或者油在燃烧后可以将所储藏的化学能转化为热能温暖房间。因此，只要将热能和动能看作是不同形式的能量，焦耳将两者联系起来也就不足为奇了。如果从更深层面上理解，热还真是一种运动，比如让一锅热水"发热"的根本原因正是其中的水分子在剧烈运动。动能也只是另外一种形式的能量而已。

物质的化学能储存在原子之间的化学键中。当化学键在化学反应中断裂时，能量便被释放出来；而当化学键形成时，能量则被储藏起来以备后用。它就像是压缩后的弹簧所蓄积的"势能"，一旦松开就会释放出来。势能是一种来源于物体所处位置的能量，而化学势能则可以看作是来源于化学键所处的"位置"。当你站在楼梯顶端时，你的势能要比处在楼梯底部时高一些。焦耳在度蜜月时所研究的那座瀑布上方的水也具有势能。另一方面，势能还与物体的质量有关，如果你吃块蛋糕再爬上楼梯，你的势能就会增加。

其实，吃蛋糕也是一个能量转化的例子。蛋糕中的糖和脂肪蕴含的化学能会被身体内的细胞转化为维持体温的热能，以及驱动肌肉帮你爬上楼梯的动能。我们以及我们身体所做的所有事情，乃至曾经发生过的所有事情，都有赖于能量的转化。

万变不离其宗　詹姆斯·焦耳的工作为科学界最重要的一条定律奠定了基础，这条定律被称为"能量守恒定律"，或"热力学第一定律"（参见第 38 页）。这条定律阐明了能量既不能被创造也不能被毁灭，只能从一种形式转换为另外一种形式，正如焦耳的螺旋桨实验所表明的。无论化学反应中发生了什么，或者发生在什么地方，宇宙的总能量一定保持不变。

所有形式的能量都具有的一个共性是，它们都能够引起改变。然而说了这么多，这是否有助于你在猜字游戏中用形体动作表现"能量"一词则是另一回事了。能量是旋转的螺旋桨，是一块蛋糕，是你走上台阶，是你站在台阶之上，也是你掉下台阶。试试这些吧，反正结果都是让你的搭档摸不着头脑。

> **我的目标一直是，首先发现正确的原理，然后指出它可能的应用。**
> —— 詹姆斯·普雷斯科特·焦耳，
> 《詹姆斯·焦耳自传》

引起改变的能力

08 化学反应

　　化学反应并不只是疯狂科学家实验室里震耳欲聋的爆炸，它们也是在生物（包括我们人类）细胞内悄悄发生的日常过程。我们甚至觉察不到它们的发生。当然，大家更津津乐道的还是那些震耳欲聋的爆炸。

　　宽泛来说，存在着两类化学反应。一类是宏大壮观、爆炸性的化学反应，或可称为"带好护目镜，躲得远远"型；另外一类则是安安静静、难以觉察的反应，或可称为"无聊透顶，无人注意"型。"躲得远远"型显然很引人注目，但"无人注意"型也可以让人印象深刻。（当然，化学反应绝不止这两类，其实它种类繁多，无法在这里一一细数。）

　　化学家对于第一类化学反应毫无抵抗力。但我们不都这样吗？想想看，有谁会放弃免费的焰火晚会门票，却躲在实验室里静静观察生锈过程？又有谁会在化学老师点燃一只氢气球引发巨大爆炸声后只是淡定地坐在那里微微一笑？如果请求一位化学家演示他最喜欢的化学反应，那他一定会鼓捣出一个在可安全操作前提下所能达到的最宏大、最壮观的实验。要想开始了解化学反应，我们不妨从 19 世纪的一位化学老师以及一个动静最大、场面最壮观的化学反应开始。不幸的是，

大事年表

1615 年	1789 年	1803 年
出现第一幅类似化学反应方程式的图表	安托万 - 洛朗·拉瓦锡在《化学基本论述》提出化学反应的概念	约翰·道尔顿的原子理论提出化学反应的本质是原子的重新组合

这类反应不总是乖乖地按计划进行。

躲得远远型 尤斯图斯·冯·李比希是一位传奇人物。他曾熬过一场饥荒，21 岁便成为教授，发现了植物生长的化学基础，还创立了一份顶级科学期刊，更别说他的一些发现促成了酵母提取物（又名马麦脱酸酵母）的发明。他做出了很多可以让自己骄傲的事情，但也做出了一些让自己尴尬的事情。据传，1853 年，他在巴伐利亚王室家庭面前演示名为"狂吠之犬"（Barking Dog）的实验时，就着实让自己难堪了一次。他的实验爆炸得有些猛烈，而且就在特蕾莎王后和她的儿子卢伊特波尔德王子面前。

狂吠之犬现在仍是最壮观的科学演示实验之一。它不仅能产生惊人的爆炸以及如同犬吠一般的声音，还伴有炫目的闪光。做这个反应需先将二硫化碳（CS_2）与一氧化二氮（N_2O，即笑气）混合，然后点燃。这是一个放热反应，也就是说，它会向环境中释放能量（参见第 39 页），其中一部分能量会以耀眼的蓝光形式释放。由于这一实验通常在一根透明的大试管中进行，所以看上去就像是绝地武士的光剑被点亮然后又熄灭了。很值得花几分钟到网上看看有关的视频。

> **"**……在那场可怕的爆炸发生之后，我环顾四周，发现特蕾莎王后与卢伊特波尔德王子的脸上流着血。**"**
>
> ——尤斯图斯·冯·李比希

要不是观众对实验效果印象深刻，他们就不会要求李比希再演示一次，特蕾莎王后也就不会因此受轻伤了——据说爆炸使她流了一点血。

1853 年	1898 年	1908 年	2013 年
巴伐利亚王后因观看著名的狂吠之犬反应而受伤	"光合作用"一词被用于描述植物的光合反应	弗里茨·哈伯创办工厂，通过氮气和氢气合成氨	利用原子力显微镜实时观测到一个化学反应

不过，从化学角度看，狂吠之犬与其他所有的化学反应一样都只是原子的重新排列而已。具体到这一反应，它只涉及四种原子（元素）：碳（C）、硫（S）、氮（N）和氧（O）。

$$3N_2O + CS_2 \rightarrow 3N_2 + CO + SO_2 + \frac{1}{8}S_8$$

化学家用化学方程式表示一个反应会生成什么。

无人注意型 那些安静、低调、不引人注目的化学反应又是怎样的呢？铁钉缓慢生锈就是一个例子，它是一个缓慢的氧化反应（参见第50页）：铁、水以及空气中的氧气相互反应生成红棕色、片状氧化铁。削过的苹果变红、变黑也是一个氧化反应，你可以在几分钟的时间里观察到整个过程。而最重要的"安静"反应之一则正在植物的叶片中进行着。植物静静地采集着阳光，利用收集到的太阳能将二氧化碳和水"重新组合"为葡萄糖和氧气，这便是著名的光合作用（参见第146页）。它其实是一系列非常复杂的反应的总和，是植物进化的一个结果。反应所生成的糖是植物生命活动的能量源泉，而另外一种产物氧气则被释放到大气中。这一反应虽然不如狂吠之犬那么引人注目，却是地球生命存在的基石。

狂吠之犬反应：在一个类似的平行反应中，还会有二氧化碳生成

化学方程式

1615年，法国人让·贝甘（Jean Beguin）出版了一套化学讲义，其中有一张示意二氯化汞（升汞，$HgCl_2$）和三硫化二锑（Sb_2S_3）反应的图。虽然看上去更像是蛛网图，但它还是被视为一个早期的化学方程式。后来到了18世纪，苏格兰人威廉·卡伦和约瑟夫·布莱克在向学生讲解化学反应时，使用了包含箭头的图表，以标明反应进行的方向。

我们还可以在自己的身体中观察到各种化学反应。我们的细胞其实就是一个化学品仓库和微型反应中心。每个细胞都在做着与光合作用相反的事情：释放能量，将食物中获取的糖以及吸入体内的氧气"重新组

直接观看反应

　　我们通常所说的"看到"一个反应发生，是指看到了反应引起的爆炸、颜色变化或者其他效应，并非真的看到了参与反应的分子。因此，我们实际上并没有真正"看到"反应中到底发生了什么。但在2013年，美国和西班牙的科学家却真正并实时地看到了反应发生的过程。他们利用原子力显微镜拍摄到了苯乙炔在银表面形成环状结构产物的特写照片。原子力显微镜的成像原理与普通相机完全不同，它有一个非常细的探头或者"针尖"，针尖触摸到物体表面的物质时便会产生信号，使得它能够感知单个原子。在2013年拍摄到的那些照片中，反应物和产物的化学键及原子都清晰可见。

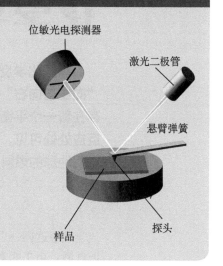

合"成为二氧化碳和水。这一过程是光合作用的镜像，被称为"呼吸作用"，是维持地球生命的另外一个反应。

　　重新组合　无论反应规模是大是小、反应速度是快是慢，所有化学反应都可以被看作是对起始原料的原子进行重新组合。各种不同元素的原子会被分开，然后以不同的方式重新组合，这往往意味着生成新的化合物。也就是说，原子找到新的伙伴，并通过共享电子结合在一起。在狂吠之犬反应中，有两种新化合物生成，一氧化碳和二氧化硫，同时还生成了氮气和硫分子；而在光合作用中，生成的是更大、更复杂，包含多个碳、氢、氧原子的糖分子。

原子的重新组合

09 化学平衡

有些化学反应只会向一个方向进行，另外一些则会不停地在"向左与向右"之间徘徊。在这类"徘徊不定"的化学反应中，存在着一个平衡，使反应看上去像是稳定在某个状态。这种平衡反应处处可见，从人类的血液到将"阿波罗11号"任务的宇航员送回地球的燃料系统。

试想这样一个情景：有几位朋友要来你家小聚一下，你为此买了几瓶红酒。由于非常期待聚会开始，你便打开一瓶倒了几杯，静候朋友们到来。然而，一个小时后你等到的只有一位朋友和一些道歉的短信，而那些倒好的红酒除了你和朋友品尝过的那两杯以外都原封未动。接下来，要么你的那位朋友借口避开，让你将剩下的红酒倒回酒瓶；要么就是你俩将其他杯都喝光，然后再开一瓶。

杯中酒不空　你可能会觉得这与化学又有什么关系？其实，很多化学反应就像是被取消聚会上的酒，先从瓶中倒入酒杯，然后又从酒杯倒回瓶中。也就是说，这些反应是可逆的。在化学中，这种情况被称为化学平衡，而这种平衡控制着一个化学反应中反应物与产物的比例。

大事年表

1000 年	1884 年	1947 年
大钟乳石开始形成	勒夏特列原理提出	保罗·萨缪尔森将勒夏特列原理应用于经济学

在你的聚会上，如果你负责倒酒，当有人喝完一杯时，你会将酒杯再次倒满。如果将那瓶红酒想像为一个化学反应的反应物，将倒入酒杯的酒视为产物，那么负责倒酒的你便是化学平衡。因此，如果一些产物消失了，那么化学平衡就会将一些反应物转化为新的产物以维持原有的状态。但不要忘记一个可逆反应也会向相反的方向进行。因此，如果平衡状态被干扰，体系中突然出现了大量的产物，化学平衡也会促使反应向相反的方向进行，将一部分产物转化为反应物，就像是将酒倒回瓶中。

存在着化学平衡并不意味着化学方程式两边是相等的——瓶中的酒与杯中的酒也不总是一样多。事实上，每个化学体系都有自己的平衡点，也就是正反应与逆反应速率相等的"那一点"。这不仅仅适用于复杂反应，也适用于简单体系，比如弱酸（参见第 42 页）获得和失去氢离子（H^+）的反应，又比如水分子分解为氢

平衡常数

每一个化学反应都有化学平衡点，但我们怎样才能知道平衡点在哪里呢？这就需要知道平衡常数，它决定了在一个可逆反应中有多少反应物能够转化为产物。平衡常数的符号为 K，它等于产物与反应物的比值。因此，如果产物与反应物的浓度相同，那么 K 就等于 1；如果产物多于反应物，K 就大于 1；反之，则 K 小于 1。每个反应都有自己的 K 值。生产有用化学品（比如氨）的反应，必须通过不断将产物移除，以促使反应不断向生成产物的方向调整。这样做的原理是，由于移除产物会改变产物与反应物的比例，为了维持平衡常数，反应必须向产物方向移动，从而生成更多产物。

$$A \quad \rightleftharpoons \quad B$$

反应物 $\rightleftharpoons$ 产物

$$K_{eq} = [B] / [A]$$

（方括号表示浓度）

1952 年

大钟乳石被发现

1969 年

四氧化二氮帮助"阿波罗 11 号"任务成员返回地球

离子（H^+）和氢氧根离子（OH^-）的反应。对于后者，这个反应的平衡点靠近水分子一方，而不是离子的一方，因而无论发生什么，化学平衡总是使大部分的水以水分子形式存在。

> **万物有中庸，平衡来决定。**
> ——德米特里·门捷列夫

火箭燃料 还能在哪里见到这类化学平衡呢？1969 年的阿波罗登月计划便是一个很好的例子。美国国家航天航空局设计的那套让尼尔·阿姆斯特朗、巴兹·奥尔德林和迈克尔·科林斯返回地球的系统是靠化学工作的。为了产生让他们离开月球进入太空的推力，美国国家航天航空局需要一种燃料和一种氧化剂，其中氧化剂的作用是通过向混合物中增氧使得燃料燃烧得更剧烈。"阿波罗 11 号"任务所使用的氧化剂是四氧化二氮（N_2O_4）。一个四氧化二氮分子可以分解成两个二氧化氮（NO_2）分子，而两个二氧化氮分子也很容易变回一个四氧化二氮分子。在化学中，可用如下反应式表示这一过程：

$$N_2O_4 \rightleftharpoons 2NO_2$$

如果将四氧化二氮装入一个玻璃瓶中（不建议在家中这样做，因为它具有腐蚀性，一旦泄露会腐蚀皮肤），你便可以观察化学平衡如何起作用了。将玻璃瓶冷却，你可以看到无色的四氧化二氮沉入瓶底，上方漂浮着棕色的二氧化氮蒸气云。改变温度或其他一些条件可以改变化学平衡。对于四氧化二氮来说，稍微加热便会使得平衡向右方移动，使其更多地转化为二氧化氮，而将其冷却则会使二氧化氮又转化为 N_2O_4。

自然平衡 在自然界中，化学平衡也处处可见。它们使我们血液中的化学物质处在适宜的范围内，从而让血液的 pH 值保持在 7 左右，不会变得过酸或者过碱。而与这些化学平衡相关的可逆反应则控制着肺部二氧化碳的释放，使得我们可以呼出二氧化碳。

见过石灰岩溶洞中那些钟乳石和石笋的人，大都会有这样一个疑问：它们是怎么形成的？位于爱尔兰西海岸的杜林洞（Doolin Cave）中有一根超过七米长的钟乳石，被称为大钟乳石。它已经生长了数千年，是世界上最长的钟乳石之一。这一自然奇观也是一个化学平衡的杰作。

$$CaCO_3 + H_2O + CO_2 \rightleftharpoons Ca^{2+} + 2HCO_3^-$$

$CaCO_3$ 是碳酸钙的化学式，它构成了多空的石灰岩。溶有二氧化碳的雨水会生成一种名为碳酸（H_2CO_3）的弱酸，它可以与石灰岩中的碳酸钙反应，生成溶于水的碳酸氢钙（$Ca(HCO_3)_2$）。当雨水流过这些岩石中的孔洞时，它会逐渐溶解石灰石，并以离子的形式将其带走。这一过程虽然缓慢，但天长日久之后也足以形成巨大的石灰岩溶洞。钟乳石，比如爱尔兰的大钟乳石，则是含有碳酸氢钙的水长期在同一个地方滴下形成的。随着雨水滴下，逆反应便发生了，溶在水中的碳酸氢钙重新变为碳酸钙、水和二氧化碳，并逐渐沉积成为石灰石。最终，不断在滴水处沉积的石灰岩形成了水滴状的岩石。

维持平衡

10 热力学

热力学是化学家用来"预测未来"的工具。根据一些基本定理，他们可以计算出某些物质是否能够发生反应。如果这些还不足以让你对热力学感到兴奋，那么不妨再告诉你，它还与茶以及宇宙的终极命运有关。

热力学的基础是一些一百多年前就已经发展出来的科学理论，这让它听起来像是一个应该早已无人问津的古董课题，那么如今它还能告诉我们一些什么呢？其实，还真不少。化学家正在利用热力学研究活细胞在冷却之后（比如装入冰箱等待移植的人体器官）会发生什么变化；热力学还能帮助化学家预测在燃料电池、药物以及尖端材料中用作溶剂的离子液体的性能。

热力学定律对科学工作来说非常基础，因而我们一直能够找到利用它们开展工作的新途径。如果没有热力学定律，我们就很难理解，更无法预测一个化学反应或者过程为何会这样进行，也无法排除日常的过程为何不以其他某种疯狂的形式进行的可能性，比如一杯茶越放越热。那么这些了不起的定律到底是什么呢？

大事年表

1842 年	1843 年	1847 年
朱利叶斯·罗伯特·迈耶阐述能量守恒定律	詹姆斯·焦耳阐述能量守恒定律	赫尔曼·路德维希·冯·亥姆霍兹又一次阐述能量守恒定律

既不能被创造也不能被毁灭 我们在前面已经讨论过热力学第一定律（参见第 29 页）。简单来说，这一定律可以被描述为"能量既不能被创造也不能被毁灭"。不过，这只有在理解了能量可以从一种形式转换为另外一种形式之后才有意义。比如，启动发动机之后，油箱中燃料所蕴含的化学能会转化为机械能或者动能。而研究热力学的科学家真正关心的也正是这种能量的转换。

化学家有时会说在某个反应中"损失"了能量，不过这里所说的"损失"并不是真的损失，而只是说能量散失到了其他地方（通常是环境中）。在热力学中，这类损失能量的反应被称为放热反应，而从环境中吸收热量的反应则被称为吸热反应。

需要特别指出的是，无论反应体系中的物料与周围环境之间传递了多少能量，总能量一直保持不变，否则

体系与环境

化学家喜欢把事物弄得有条理、有秩序，因此当他们进行热力学计算的时候，他们总是要先整理一下所讨论的事物。其中要做的第一件事是，弄清哪些是他们要研究的体系或者反应，其他的一切则都可以归为环境。比如，一杯逐渐冷却的热茶，必须区分出茶本身（体系）以及茶周围的所有事物（环境），包括茶杯、杯托、蒸汽飘散进入的空气、抱着茶杯取暖的手，等等。不过当涉及化学反应时，要想清晰地分清体系与环境还真不容易。

一个完整的热力学系统

液体的蒸发

气体介质
（辐射和传导）

热液体
（对流）

表面
（传导）

能量守恒定律（即热力学第一定律）就不成立了。

热力学第二定律毁掉了整个宇宙 热力学第二定律理解起来要稍微难点，但它几乎能够解释所有事情。它被用来解释大爆炸，预测宇宙的终极命运，并与热力学第一定律一道，说明为何建造永动机的尝试注定会失败。此外，它还能帮助我们理解茶为何越放越凉而不是越放越热。

热力学第二定律比较难以理解的原因在于，它要依赖一个难懂的概念：熵。熵可以看作是一个描绘无序程度的物理量，一个体系越无序，它的熵就越高。想像有一盒饼干，当它们整整齐齐地排列在盒子中时，它们的熵是相当低的。如果有人过于急切地将盒子打开，使得饼干散落一地，它们的熵就升高了。打开一瓶液化气时的情况也是类似，人们立刻就可以闻到"混乱的气息"了。

> ❝不了解热力学第二定律就像是从未读过莎士比亚的任何一部作品。❞
>
> —— C.P. 斯诺

热力学第二定律表明熵总是在增加，至少绝不会减少。换句话说，一切事物总是趋于变得更加无序。这一定律适用于任何事物，包括整个宇宙。宇宙最终会进入一种完全的无序状态并终结。这一让人不寒而栗的预测的逻辑基础是：将一盒饼干散落一地的方法要远远多于让它们整整齐齐地待在盒子里的方法（参见对页"熵"）。热力学第二定律有时还可以借助"热量"的概念被描述为"热量总是从热的地方流向冷的地方"。这正是一杯热茶总是会向环境中散发热量并逐渐冷却的原因。

不过从化学家的角度来看，热力学第二定律的重要性在于可以用它来确定化学反应或过程中会发生什么。一个反应在热力学上必须是可行的，或者说，一个化学反应只会向熵增加的方向进行。为了弄清这一点，化学家不能只盯着反应"体系"的熵变（这可比一盒饼干或者一杯茶复杂得多），更要关注"环境"的熵变（参见第 39 页"体系与环境"）。只要不违反热力学第二定律，反应就可以进行，而如果不可行，化学家就不得不考虑能否做些调整，使之可行。

谁关心热力学第三定律?

热力学第三定律的知名度要远小于前两条。它的主要内容是：当一块绝对完美（必须是绝对完美！）的晶体处于绝对零度时，它的熵为零。这或许也解释了为何热力学第三定律的知名度不怎么高。一方面它有些抽象，另一方面它被认为只对那些有能力将物体冷却到绝对零度（-273.15℃），以及那些与晶体（而且是完美的理想晶体）打交道的人有用。

熵

熵实际度量的是一个体系在确定了几个关键参数之后能够以多少种不同的状态存在。我们可能知道饼干袋的尺寸，甚至可能知道其中有多少块饼干，但如果我们把它上下摇晃几下，我们就不可能确切知道每块饼干的位置了。而熵告诉我们的正是这些饼干到底有多少种排列方式。显然袋子越大，排列方式便越多。在化学反应中（这时面对的是分子而不是饼干），需要考虑的参数更多，比如温度和压力等。

能量转换

11 酸

为什么醋可以装在玻璃瓶中，还可以用来蘸饺子吃，而氟锑酸却能够腐蚀掉玻璃瓶？这都要归结于小小一个原子，从胃里的盐酸到世界上最强的超强酸，都能找到它的身影。

汉弗莱·戴维原本只是一名卑微的外科医生学徒，后来因为游说富人们吸入笑气而出名。他出生在康沃尔郡的彭赞斯，酷爱文学，结识了当时英格兰西部最著名的几位浪漫主义诗人（罗伯特·骚塞和塞缪尔·泰勒·柯勒律治），却最终投身于化学事业。他来到布里斯托尔接受了一份化学品管理员的工作，期间发表了一部著作，让他谋得了一个讲师的位置，并最终使他成为了伦敦皇家研究院的化学教授。

19世纪的漫画描绘了戴维在他的讲座上用装满一氧化二氮（也就是笑气）的气囊取悦观众的情景，不过他更倾向于将这种具有治疗作用的气体用作麻醉剂。除了举办这类受欢迎的讲座，戴维还在电化学方面（参见第 90 页）做出了开拓性的工作。虽然并不是他最早发现电流能够将化合物分解成构成它的原子，却是他将这项技术推向了顶峰，他也借此发现了钾元素和钠元素。另外，他还检验了由化学泰斗安托万·拉瓦锡提出的一个理论。

大事年表

1778 年	1810 年	1838 年
安托万·拉瓦锡提出以氧为基础的酸的理论	汉弗莱·戴维推翻拉瓦锡的理论	尤斯图斯·冯·李比希提出以氢为基础的酸的理论

那时，拉瓦锡已在几年前的法国大革命中被推上了断头台。虽然他所提出的那些睿智见解和理论（比如水由氢和氧构成）让他成为不朽的科学家，但至少在一件事情上他是错的：他认为酸的酸性来源于氧——这种由他命名的元素。但戴维有自己的见解。通过电解将盐酸分解为构成它的单质，他发现盐酸只含有氢和氯，并不含氧。盐酸是实验室中最常见的一种酸，在人的胃里也有它的身影，在那里它可以帮助消化食物。盐酸还有一个不太常用的名字：氯化氢水溶液。

摩尔

对于物质的量，化学家有个奇特的想法。他们经常不仅仅想知道一块物体有多重，还想确切知道其中到底含有多少"粒子"。为此，他们将 12 克普通的碳所含粒子的总数量定义为 1 摩尔。一瓶标有 1M（1 摩尔每升）的酸表示 1 升这样的酸中含有 6.02×10^{23} 个酸分子。幸运的是，我们不需要真的去数每一个粒子。每种物质都有自己的摩尔质量，也就是 1 摩尔该种物质的质量。

氢才是主角，氧不是　1810 年，戴维得出结论，氧不是定义酸的关键。之后差不多过了一个世纪，有关酸的第一个现代理论才出现。这一理论由瑞典化学家斯凡特·阿伦尼乌斯提出，他最终获得了诺贝尔奖。阿伦尼乌斯提出，酸是溶于水后能够释放出氢离子（H^+）的物质。他还提出，碱性物质（参见第 44 页"碱"）在溶于水之后会释放出氢氧根离子（OH^-）。尽管碱的定义后来被修改了，但他理论的核心思想（酸是氢离子的供体）成为了认识酸的基础。

❝ 我将努力攻克化学，猛如鲨鱼一般…… ❞
—— 塞缪尔·泰勒·柯勒律治，汉弗莱·戴维的朋友

1903 年
斯凡特·阿伦尼乌斯因在酸化学方面的工作被授予诺贝尔奖

1923 年
约翰内斯·布仑斯惕和托马斯·劳里各自独立地提出以氢为基础的酸的理论

1923 年
吉尔伯特·路易斯提出自己对酸的定义

碱

pH 值的范围通常在 0 到 14 之间（不过，它也可以是负值或者高于 14），7 因而位于中间。碱可以看作是 pH 值高于 7 的物质，其中可溶于水的碱被称为可溶性碱。常见的可溶性碱包括氨和小苏打。2009 年，瑞典科学家所做的一项研究发现碱性物质与酸性物质（比如果汁）一样能够伤害牙齿，因此之前流传的"用小苏打刷牙，通过中和酸性物质可以保护牙齿"的做法看起来已经不合时宜了。pH 值其实是一个对数值，因而 pH 每提高 1 就代表着碱性增强十倍，反之亦然。因此，pH 值为 14 的溶液的碱性是 pH 值为 13 的溶液的十倍，而 pH 值为 1 的溶液的酸性是 pH 值为 2 的十倍。

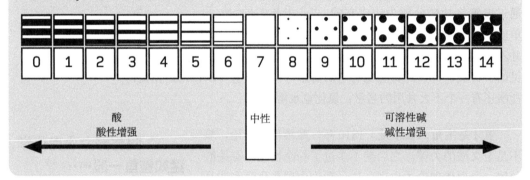

强酸与弱酸 现如今，我们将酸看成是质子供体，碱则是质子受体。（注意，在这个语境中，质子指的是氢原子失去电子之后形成的离子，因此这个理论简单说就是，酸提供氢离子而碱接受氢离子。）一种酸的酸性强度决定于它提供质子的能力。用来蘸饺子的醋中的醋酸（化学名称为乙酸，CH_3COOH）就是一种弱酸，因为在任意时刻总有很多醋酸分子未失去它们的质子。或者更准确地说，质子不断地从醋酸分子中电离出来又不断地重新结合回去，构成了一个化学平衡（参见第 34 页）。

戴维研究过的盐酸（HCl）供给质子的能力则相当强。所有溶于水的盐酸分子都分解成了氢离子和氯离子（Cl⁻），或者换句话说，它在水中完全电离了。

一种酸的强弱与它的浓度无关。假如将相同数量的强酸和弱酸分子溶在相同量的水中，强酸（比如盐酸）释放出的氢离子会比弱酸多，因而前者溶液中的氢离子浓度也更高。但如果加入足够的水来稀释盐酸，也能使它的酸性比醋还弱。在化学中，酸的强度一般用 pH 值来表示（参见对页"碱"）。需要注意的是，pH 值越小意味着氢离子浓度越高。一般来说，酸的浓度越高，酸性就越强，pH 值则越低。

超强酸　众所周知，酸最令人兴奋的一项本领是可以用它溶解各种物品，比如桌子、蔬菜，以及像在热门电视剧《绝命毒师》中描绘的，浴缸中的整个尸体。但事实上，氢氟酸（HF）并不能像电视剧中演的那样将整个浴室烧穿，也不能那么快就将一具尸体化成烂泥。当然，如果将它洒在手上，你肯定会受到严重伤害。

如果需要真正"辣手"的酸，可以让氢氟酸与一种名为五氟化锑的物质反应，所生成的氟锑酸的酸性非常强，甚至突破了 pH 值表的下限。而且它的腐蚀性极强，它必须存放在特氟龙（它含有最强的化学键——碳氟键，因而极抗腐蚀）制成的瓶子中。这种酸被称为"超强酸"。

有些超强酸可以腐蚀玻璃，但奇怪的是，作为一种威力数一数二的超强酸，碳硼超强酸却能很安全地保存在普通玻璃瓶中。这是因为决定一种酸是否具有腐蚀性的并不是氢离子，而是它的另一个成分：阴离子。在氢氟酸中腐蚀玻璃的其实是氟离子，而碳硼超强酸中的碳硼酸根离子非常稳定，并不会发生反应。

释放氢离子

12 催化剂

有些化学反应如果没有外部的帮助几乎不能进行，它们需要一点推动。那些能够推动这类反应的单质或化合物被称为催化剂。工业上使用的催化剂一般是金属。我们的身体同样利用微量的金属构筑了一类称为酶的分子，用于加速生物过程。

2011 年 2 月，布里斯班查尔斯王子医院的医生接诊了一位病人。这位患有关节炎的 73 岁老太太患有失忆、眩晕、呕吐、头痛、抑郁和厌食等症状，但所有这些症状似乎都与关节炎无关，也与她五年前所做的髋关节置换手术无关。经过一系列检查，医生发现她体内的钴含量明显偏高，而这正是她一系列症状的根源。进一步检查后，他们发现这些钴是从她新换的金属人工髋关节中泄漏出来的。钴是有毒金属，人皮肤接触会引起疹子，吸入则会引起呼吸问题。如果接触剂量大，更会引起各式麻烦。但人体又需要一丁点的钴才能生存。同我们体内的其他过渡金属元素（比如铜和锌）一样，钴对于酶的活动极为重要。它最重要作用是构筑维生素 B_{12}，这种维生素富含于肉类和鱼类食物中，也常被添加到麦片中。本质上说，它的作用是作为一种催化剂。

伸出援手 催化剂是什么？你很可能已经从汽车上使用的催化转化

大事年表

1912 年	1964 年
保罗·萨巴捷因在金属催化剂方面的工作被授予诺贝尔奖	多萝西·霍奇金因首次获得了金属酶的结构被授予诺贝尔奖

器（参见本页"催化转化器"）或"创新催化剂"之类的说法中听说过这个词。并从中得到个模糊的印象，催化剂意味着让某件事情开动起来。但为了理解化学催化剂或者生物酶（参见第 130 页）实际上是做什么的，不妨将它想像成一位"援手"。设想你确实需要粉刷一下天花板，但又感觉任务太艰巨而望而生畏，于是你可能诉诸爱人或室友的好心和 DIY 技能，来帮助自己把工作开动起来。你可以派他们去买合适的涂料和滚子，与此同时让自己养精蓄锐。有人助推你一把，任务显得轻松了一些。

催化转化器

　　汽车上的催化转化器的功能是去除汽车尾气中的有害污染物，或至少将它们转化为危害较小的污染物。金属铑，一种比黄金还稀少的金属，可以帮助将氮氧化物转化为氮气和水；钯则可以催化一氧化碳转化为二氧化碳的反应——虽然这增加了二氧化碳的排放量，但至少消除了剧毒的一氧化碳。在催化转化器中，反应物是气体，铑催化剂与之不在同一相中（参见第 22 页），因此这类催化剂被称为异相催化剂。如果催化剂与反应物处于同一相中，则它们被称为均相催化剂。

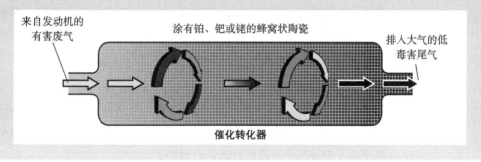

来自发动机的有害废气　　涂有铂、钯或铑的蜂窝状陶瓷　　排入大气的低毒害尾气

催化转化器

1975 年	1990 年	2001 年
第一代催化转化器装配汽车	理查德·施罗克制出用于复分解反应的高效金属催化剂	皮尔金顿推出第一款基于光催化的自清洁玻璃

某些化学反应也面临着类似情况。如果没有外部帮助，它们几乎不可能进行，但就像室友在粉刷墙壁上推了一把，催化剂也让一切变得容易多了。事实上，催化剂真正的作用是降低引发一个反应所需的能量——它为反应提供了一条新的行进路线，使得路上需要克服的能垒不那么大。更妙的是，催化剂在反应中不会被消耗，因而它能不断地伸出援手。

> **❝镍显示出明显的氢化乙烯的能力，同时它自身未出现可见的变化。也就是说，它是一种催化剂。❞**
>
> —— 保罗·萨巴捷，1912 年诺贝尔化学奖获得者

只需一丁点 在人体内，过渡金属常因其催化性能被维生素利用。维生素 B_{12} 在很长时间内被看作是一种通过食用肝脏摄取的神秘因子，因而也被称为"肝脏因子"，它可以治疗人或者狗的贫血症。在钴离子的帮助下，它能够催化一些与新陈代谢以及制造红细胞息息相关的反应。它是最早一个通过 X 射线晶体衍射法（参见第 86 页）确定结构的金属酶。由于结构极为复杂，整个测定过程充满了艰辛和坎坷。这项工作的完成者多萝西·克劳福特·霍奇金因此获得了 1964 年的诺贝尔化学奖。细胞色素氧化酶是另外一种含有过渡金属的酶，它所含的铜可以帮助动植物从食物中获取能量。

人体只需要几毫克维生素 B_{12} 就可以正常运转，因而所需的钴元素微乎其微（记住，它们还可以循环使用）。但如果过量，人体就会感觉不适。当那位澳大利亚老太太的人工髋关节换成聚乙烯和陶瓷制成的部件之后，没过几个星期她就感觉舒服多了。

快快变硬 过渡金属优良的催化性能是全方位的，不只表现在生化反应方面。比如银色的金属镍，它不但可以被用来制造硬币以及高速发动机的部件，还可以催化一类让油脂变硬的反应。这类反应可以将氢原子加入含碳的分子中，将"不饱和"的分子转化为饱和分子。20 世

纪初叶，法国化学家保罗·萨巴捷发现，镍、钴、铁、铜等金属可以帮助将不饱和的乙炔（C_2H_2）氢化为乙烷（C_2H_6）。此后，他又尝试使用效率最高的镍氢化各种含碳化合物。1912年，他因在"使用超细金属粉末催化氢化反应"方面的工作被授予诺贝尔奖。

光催化

光催化是指由光催化的反应。它已被应用于制造利用阳光清除污垢的自清洁玻璃。它还有一项"迈向太空"的应用：美国国家航天航空局的光催化洗气机，可以帮助宇航员消除在太空中种植作物时所产生的乙烯，防止作物腐烂。

从那时起，食品工业开始使用镍作为催化剂将液体植物油转化为固态的人造黄油。科瑞起酥油成为第一种含有人造黄油的商品。

镍催化氢化的一个缺点是，在氢化过程中会产生反式脂肪，即部分氢化的副产物。它会导致一些健康问题，比如胆固醇增高和心脏病。21世纪初，各国政府开始重视这个问题，纷纷要求食品必须标明反式脂肪的含量。现如今的科瑞起酥油已经不含反式脂肪了。

当然，并非所有的催化剂都是过渡金属，很多其他元素或化合物也可以加速反应。不过，2005年的诺贝尔化学奖又一次授予给一类由金属催化剂驱动的反应：烯烃复分解反应。这一反应对塑料和制药行业极为重要。而钴现在也被用于化学的前沿领域：从水中剥离氢（参见第198页），以提取清洁能源。

可重复使用的反应加速器

13 氧化还原

很多常见反应的驱动力来源于一种分子与另外一种分子之间的电子转移。生锈和绿植的光合作用便是这类反应的代表。但这类反应为何被称为"氧化还原反应"呢？

氧化还原反应，虽然名字听起来有点拗口，却是一类非常基础的化学反应。自然界中发生的很多化学过程都涉及这类反应，比如植物的光合作用（参见第 146 页）以及食物的消化过程。这类反应经常会涉及氧，这也许可以解释它名字中的"氧化"一词，但如果想要弄清这类反应为何被称为"氧化还原反应"，我们必须考虑电子在化学反应中所担当的角色。

化学反应中的很多过程都与电子的去向有关。众所周知，这些"生活"在原子核周围的电子云中、带有负电荷的粒子，可以让原子相互结合。原子可以共享电子生成共价化合物（参见第 18 页），也可以失去或者获得电子，从而打破电荷平衡，生成带有正负电荷的离子。

有得有失　在化学中，有专门的术语描述失去或者获得电子的过程。一个原子或分子失去电子称为氧化，获得电子则称为还原。可以

大事年表

30 亿年前	17 世纪	1779 年
蓝藻开始进行光合作用	"还原"一词被用于描述朱砂转化为汞的过程	安托万·拉瓦锡将空气中可以与金属反应的成分称为氧

氧化态

　　氧化还原反应涉及电子转移这一点并不难理解，但如何确定电子转移的方向和数目呢？这就需要对氧化态有所了解。所谓的氧化态是指一个原子在氧化还原反应中能够获得或者失去的电子数目。对于离子化合物来说，离子的电荷数等于它们的氧化态。比如，铁在氧化过程中失去两个电子后生成的铁离子（Fe^{2+}）的氧化态便是 +2，因而它便有获取两个电子的"意愿"。很简单，是不是？更妙的是，这对所有离子都适用。比如，食盐（NaCl）中钠离子（Na^+）的氧化态是 +1，氯离子（Cl^-）的氧化态是 −1。那么像水这样的共价化合物，各个原子的氧化态又是如何规定的呢？在水分子中，氧原子可以看作是从两个氢原子那里各窃取了一个电子，填满了它的最外电子层，因此它的氧化态可以认为是 −2。很多过渡金属元素，比如铁，在不同的化合物中有不同的氧化态，但依旧可以通过一个原子的常见氧化态预测电子转移的方向和数目。一个元素的氧化态通常（但不一定）可由它在元素周期表中的位置确定。

铁 [III]、铝	+3
铁 [II]、钙	+2
氢、钠、钾	+1
个体原子	0
氟、氯	−1
氧、硫	−2
氮	−3

常见氧化态

通过谐音来记住这两个相对的过程：氧化就是"花"出电子，还原则是"还"回电子。

1880 年	1897 年	20 世纪	2005 年
发明电池	J.J. 汤姆森发现电子	redox 一词被用来描述氧化还原反应	Mega Rust 大会首次召开

那为何失去电子的过程称为氧化呢？氧化反应是否就是有氧参与的反应呢？不妨先回答第二个问题，答案是有时是，这无疑让这个术语变得更加含糊不清。举例来说，生锈是铁、氧和水之间发生的一个反应，它就是一个有氧参与的氧化反应。但这个反应也包含了其他类型的氧化过程。在生锈过程中，铁原子失去电子，形成带正电荷的离子，即铁离子。在化学中，铁所经历的这一过程可以用下面的方程式表示：

$$Fe \rightarrow Fe^{2+} + 2e^-$$

其中 $2e^-$ 代表在氧化过程中一个铁原子所失去的两个带负电的电子。

> **海军陆战队的任务不该只是除锈。**
> —— 马修·科赫，美国海军陆战队防锈与除锈项目主管

"氧化"所包含的这两层不同的含意其实是相关的，"氧化"一词也已经扩展到没有氧参与的反应。另外，如上所示，描述一个离子还需要注明它与中性原子相比失去或者获得了几个电子。比如，上面所述的铁离子，在失去两个电子后，带正电的质子比带负电的电子多了两个，因而具有了 2+ 正电荷。

两个"半反应" 那失去的电子去了哪里？它们肯定不会凭空消失。要想找到它们，我们需要弄清氧在锈蚀过程中发生了什么。在铁失去电子的同时，氧获得了电子（它被还原了），然后与氢结合生成氢氧根离子（OH^-）。

$$O_2 + 2H_2O + 4e^- \rightarrow 4OH^-$$

因此，一个氧化反应发生的同时也会发生一个还原反应，它们可以放在同一个化学方程式中，就像这样：

$$2Fe + O_2 + 2H_2O \rightarrow 2Fe^{2+} + 4OH^-$$

正因为氧化与还原总是同时发生的，这才会被称为氧化还原反应，而单独的氧化或还原反应则被称为"半反应"。

不过，为何我们还没有得到铁锈（氧化铁）呢？那是因为反应还没有结束，铁离子和氢氧根离子会继续反应生成氢氧化铁（$Fe(OH)_2$），后者会与

氧化剂与还原剂

在化学反应中，从其他分子中夺取电子的分子称为氧化剂，它会导致电子的失去；而贡献电子的分子则称为还原剂，它会导致电子的获得。漂白剂（即次氯酸钠，$NaOCl$）便是一种很强的氧化剂，它可以从染料分子中夺取电子，改变它们的结构，使它们褪色，从而漂白衣物。

水和更多的氧反应生成水合氧化铁（$Fe_2O_3 \cdot nH_2O$）。前面所讨论的氧化还原反应只是一个庞大复杂的多步反应中的一部分。

有何意义？ 了解生锈过程极为重要，因为每年船舶和航空业都要在这方面花费数十亿美元。美国造船工程师学会每年都要召集防腐蚀方面的科学家举办一次名为 Mega Rust 的学术会议。

一个更为有用的氧化还原反应发生在哈伯法中（参见第 66 页），它对化肥生产极为重要。另外，电池依靠的也是氧化还原反应。如果将电池产生的电流看作是一条电子的溪流，那么这条溪流的源头在哪里，又最终流向哪里呢？答案是它从一个"半电池"流向另外一个"半电池"，每个半电池提供一个半反应，其中一个通过氧化反应提供电子，另外一个通过还原反应接受这些电子。而在这条溪流中间的便是需要通过电流驱动的用电器。

获得和失去电子

14 发酵

从新石器时代的酒到现代的酸白菜，从古啤酒到冰岛臭鲨鱼，发酵的历史好像一直是"吃货们"推动的。但事实上，发酵反应是由微生物完成的。不过，根据考古学家的发现，我们的祖先早在发现这一点之前，就将这些反应应用到了极致。

2000 年，来自宾夕法尼亚大学的一位具有化学背景的分子考古学家，帕特里克·麦戈文应邀来到中国参与研究一件具有 9000 年历史的新石器时代的陶器。不过他感兴趣的并不是陶器本身，而是陶器上附着的一些浮渣。在随后的几年间，他与来自美国、中国以及德国的同事一起对出土于河南省的 16 个酒器和罐子的碎片进行了系统的化学检测。之后，他们将研究结果发表在一份重要的学术期刊上。一同发表的还有他们从一些封存了 3000 年的芳香液体中得到的发现，这些液体来自两座不同墓葬中的一只铜茶壶和一口密封罐子。

这些浮渣是已知最早的发酵饮料遗留下的证据，这种饮料由大米、蜂蜜、山楂或野葡萄制成。它的成分的化学特征与现代米酒有很多相似之处。而那些芳香液体，研究小组将它们描述为过滤米酒或小米"酒"，很可能是在真菌的帮助下通过发酵将谷物中的糖分解而得到的。此后，

大事年表

公元前 7000—前 5500 年	1835 年	1857 年
中国出现原始的发酵饮料	查尔斯·卡尼亚尔·德拉图尔发现酵母菌可以在乙醇中生长	路易·巴斯德确定活酵母菌会产生乙醇

麦戈文进一步宣称古埃及人在 18 000 年前就开始酿啤酒了。

活证据 发酵显然是一项传统工艺,但只有现代科学才能揭示它的工作原理。19 世纪中期,已有少数科学家较为系统地阐述了疾病的"微生物理论",也就是说,(传染性)疾病是由微生物引起的。但当时大多数人并不相信活的有机体能够导致疾病,更不相信它们与制酒的发酵过程有关。尽管酵母已经在发酵、烘焙中使用了很多年,而且与生成酒精的反应密切相关,但它们却被认为是无生命的,并非有机体。但路易·巴斯德,也就是那位发明了狂犬疫苗和巴氏消毒法的科学家,却一直在坚持对制酒和疾病的研究。

在更为精良的显微镜发明之后,人们对酵母的认识开始改变。1857 年,巴斯德在题为《论酒精发酵》的论文中详细阐述了他在酵母和发酵方面所做的实验,并无可辩驳地指出如果要通过发酵制酒精,酵母菌必须是活的并且进行繁殖。50 年之后,爱德华·毕希纳因发现酶(参见第 130 页)在细胞中的作用而获得诺贝尔化学奖,而这一成果正是在对酵母中催化酒精生成的酶进行了一系列原创性工作之后获得的。

烘焙与泡泡 现在,我们知道与发酵有关的反应可表示如下:

糖 →(酵母)→ 乙醇 + 二氧化碳

> **"一种酵素,加入饮料中可以使之发酵,加入面包中使之蓬松、涨大。"**
> —— 1755 年的英语词典对"酵母"一词的定义

1907 年
爱德华·毕希纳因在乳酸菌发酵酶方面的工作获得诺贝尔奖

2004 年
发现 9000 年前存在酒的证据

糖可以看作是酵母菌的食物，酵母菌体内的酶是天然的催化剂（参见第 46 页），帮助它们将水果和谷物中的糖转化为乙醇（醇的一种，参见本页"致命饮料"）和二氧化碳。酿酒使用的是同种不同株的酿酒酵母。每包酵母粉都含有数以亿计的酵母菌细胞，在谷物和水果，包括用于酿制苹果汁的苹果皮上还生长着野生酵母菌。一些酿酒师试图培育这些野生菌株，另外一些则希望尽量避免它们，因为它们会产生异味。无论是发酵还是烘焙都会产生酒精，只不过在烘焙时，生成的酒精都挥发了。

发酵时生成的二氧化碳是一种副产物，但正是那些被"囚禁"在面团中的二氧化碳气泡赋予了面包蓬松多孔的结构。气泡同时也是上好香槟酒的关键因素。酿酒师在酿制气泡酒时，会将大部分气泡释放，但在发酵的最后阶段，他们会将酒瓶封住，保留生成的气泡，产生能够让瓶塞冲出的压力。不过，困在香槟瓶中的二氧化碳都溶解在酒中形成碳酸，只有当瓶塞打开，嗞嗞冒气之时，才又变回二氧化碳。

致命饮料

在化学中，醇指含有羟基的分子。乙醇（C_2H_5OH）经常被看作是醇的代名词，但实际上醇的种类很多，比如甲醇（CH_3OH）。甲醇是最简单的醇，分子中只含有一个碳原子。它有时也被称为"木醇"，因为它可以在隔绝空气条件下通过加热木材生成。甲醇的毒性比乙醇大得多，曾经出现过因饮用混有甲醇的酒精饮料中毒致死的案例。饮酒者很难分辨出它，但在工业化的发酵过程中，它产生的量一般非常少，私酿和自酿的酒则危险得多。甲醇的致命毒性源于它在人体内会转化为剧毒的甲酸（又称为蚁酸），后者常常与蚁咬和除锈产品有关。据报道，2013 年，三名澳大利亚人就因饮用自酿的格拉巴酒引起甲醇中毒而死亡。具有讽刺意味的是，治疗甲醇中毒的一个方法便是饮用乙醇。

甲醇　　　乙醇

醇与酸　不要以为发酵只用于酿啤酒或者制面包，也不要以为只有酵母菌参与发酵（参见本页"乳酸菌"）。在冰箱发明之前，发酵是保存鱼类的好方法。在冰岛，一种干制的发酵鲨鱼肉依旧是当地的一种"美食"，被称为冰岛臭鲨鱼（Hákarl）——它曾让厨神戈登·拉姆齐在镜头前呕吐。虽然发酵常常意味着将糖转化为醇，但它也可以将糖转化为酸。德国人和俄罗斯人爱吃的酸甘蓝菜，便是甘蓝经细菌发酵后腌渍在所产生的酸中保存的。

乳酸菌

在酸奶和乳酪中，有一种细菌会将乳糖转化为乳酸。这种细菌便是乳酸菌，人类用它发酵食物已有上千年的历史。人体肌肉在无氧情况下代谢糖时，也会产生类似的转化。因此在锻炼之后，生成的乳酸在体内积累便会让肌肉产生酸疼感。

近年来，发酵食品被视为对身体有一大堆好处的健康食品。一些研究认为发酵乳制品可以降低心脏病、中风、糖尿病乃至死亡的风险。据信，发酵食品中的活菌可以改善胃部菌群环境。但官方的健康建议要谨慎得多，可能也更正确一些，毕竟对于我们体内细菌所扮演的角色，我们还需要进一步研究。

尽管如今的健康食品与 9000 年前的酒有天壤之别，但它们依旧有共同点：由活的微生物驱动的化学反应制成的可口（或反胃）食物。

制出面包和酒的反应

15 裂解

石油曾经只能作为老式油灯的燃料，这一情况持续了很久，直到裂解技术的出现才改变了一切。裂解可以将原油"打碎"，制成很多有用的产品，比如汽油和塑料袋。这些产品满足了现代世界的需求，但同时也污染了环境。

想来好笑，汽车可以说是由"死尸"驱动的。远古时期的动植物尸体在岩石下经过数百万年的挤压后形成石油，石油经过开采和"转化"生成汽油，最终汽油在汽车内燃烧并产生动力。对于那些不熟悉石油化学的人来说，"转化"无疑是整个过程中最神秘的一步。

将这些"远古死尸"，也就是从岩石下开采出的原油，转化为有用产品的化学过程称为裂解。裂解生产的不仅仅只有燃料，我们日常生活中的很多用品其实都是裂解产品。比如，所有塑料制品（参见第 158 页）的生产过程都是从石油的精炼开始的。

裂解出现前的世界 19 世纪，在裂解发明之前，煤油（参见第 60 页"航空燃料"）是为数不多的一种有用的石油制品。那时的煤油灯虽然引起过很多火灾，但依然是时尚、高端的照明方式。煤油通过蒸馏石

大事年表

1855 年	1891 年	1912 年	1915 年
本杰明·西利曼指出石油的蒸馏产品可能非常有价值	热裂解在俄国获得专利	热裂解在美国获得专利	国家烃类公司更名为环球油品公司

油获得，也就是说，将石油加热到特定的温度，使得煤油组分沸腾，然后对其冷凝并收集。汽油属于更易沸腾的组分，炼油者通常会将它倒入下水道中，因为除此之外没有更好的方法处置它。那时石油的巨大应用潜力仍未被挖掘，但已经不需要等待太久。

> **有充分的理由让您相信，贵公司拥有一种极有价值的原料，能够通过简单、廉价的过程，制造出极有价值的产品。**
>
> ——本杰明·西利曼给客户的报告

1855 年，一位经常被人咨询采矿和矿物学问题的美国化学教授，本杰明·西利曼，为宾夕法尼亚州韦南戈县的"石油"做了一份报告。这份报告中的一些观点像是预言了石油化学工业的未来。他提出，重石油在被加热后会在数日时间里缓慢气化，生成一系列以后会非常有用的轻质组分。《美国化学家》杂志的一位编辑后来评论道："他预言并描述了石油化学工业中使用的大多数方法。"

何为裂解？ 现如今，那些曾被当成无用之物倒入下水道的轻质组分，比如汽油，反而变得最有价值。而使石油成为一项产业的则是裂解技术的发明。这一技术经历了起初的热裂解，之后的蒸汽热裂解，最终发展为现代使用的由合成催化剂（参见第 46 页）推动的催化裂解。

尽管裂解技术的起源并不十分清晰，但有关热裂解的专利分别于 1891 年和 1912 年在俄国和美国获得授权。"裂解"一词可以说很形象地描述了这一化学过程：将长链碳氢化合物分裂成较短的分子。相较于直接蒸馏法，裂解能够按照要求对产物进行定制。虽然通过蒸馏石油也

1920 年
美孚石油公司生产出首个石化产品：异丙醇

1936 年
埃克森美孚石油和太阳油品建造催化裂解装置

2014 年
利用二氧化碳、水和阳光通过费托反应合成煤油

能获得汽油（分子中含有 5 到 10 个碳原子的组分），但裂解可以增加它的产量。比如煤油（分子中含有 12 到 16 个碳原子的组分）便可以裂解生成汽油。

早期的裂解过程会产生大量焦炭，每隔几天就必须对其进行清理。在蒸汽热裂解发明之后，水分可以解决焦炭问题，但产品质量差强人意，难以让内燃机平稳运转。直到发现催化剂能够促进石油裂解过程之后，这些问题才得到改善。化学家最初使用的催化剂是一种含有硅和铝的粘土材料——沸石，后来他们又在实验室中合成出了这些天然材料的人工替代品。

航空燃料

煤油是曾经用于老式油灯的轻质油。现如今，在某些地区它依旧被用于照明和取暖，但它现在最重要的用途是用作航空燃料。煤油主要由分子中含有 12 到 16 个碳原子的烃类物质构成，它的比重略高于汽油，挥发性及可燃性则弱一些，这使得它在室内使用更安全一些。煤油并不是单一的化合物，而是一些沸点相近的直链或环状烃类物质的混合物。和汽油一样，煤油可以通过蒸馏或裂解石油获得，但要在较高温度下进行蒸馏和收集。2014 年，化学家们宣布他们成功地利用强烈的阳光将二氧化碳和水转化为煤油。首先，他们利用阳光加热二氧化碳和水，生成合成气（氢和一氧化碳的混合气）；然后，通过著名的"费托合成法"（参见第 63 页"合成燃料"以及第 198 页）将其转化为燃料。

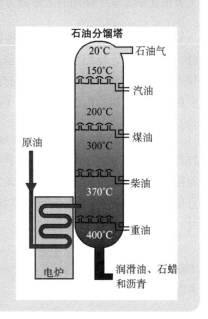

石油分馏塔

- 20℃ —— 石油气
- 150℃ —— 汽油
- 200℃ —— 煤油
- 300℃ —— 柴油
- 370℃ —— 重油
- 400℃
- 润滑油、石蜡和沥青

原油

电炉

战斗机燃料 在蒸汽热裂解过程中，起始的烃类物质在断裂成较短分子的同时，一些单键也会转化成为双键，这为进一步将其转化为其他化合物提供了合适的反应位点。但在催化裂解过程中，烃类物质不仅仅会发生断裂，还会重排生成支链。而支链烃类是最好的燃料，因为过多的直链分子会使燃料在发动机中发生"爆震"，影响发动机的平稳运转。

舒霍夫塔

在莫斯科沙波洛夫卡大街耸立着一座 160 米高、结构复杂的无线电发射塔，它由弗拉基米尔·舒霍夫在 20 世纪 20 年代设计并建造。舒霍夫是一位伟大的人，他建造了俄国最早的两条输油管道，并参与设计了莫斯科的供水系统。他还是一项有关热裂解的早期专利的发明人，这项专利的获得时间要早于美国人获得同一过程专利的时间。2014 年，舒霍夫塔险些被拆除。

就在第二次世界大战爆发之前，第一套催化裂解装置在宾夕法尼亚州马库斯胡克镇建成，这使得盟军拥有了纳粹德国空军没有的优质燃料。利用这些设备生产出的 4100 万桶优质航空燃料提高了盟军战斗机的机动性，使它们取得了空中优势。

催化裂解在提供优质燃料的同时也是化工行业的支柱，它提供了很多基本结构，可以用于生产重要的全球性化工品，比如聚乙烯。如果石油用光了，我们就需要替代品来生产这些产品。一些制造商已经开始尝试使用活的植物替代"死的生物"制备化学品。一家德国公司便推出了一种用木樨草制成的涂料，木樨草是一种常用于生产化妆品的芳香植物。

让石油为我们所用

16 化学合成

如果被问及日常生活中有哪些商品含有合成（或人造）化合物？很多人可能会想到药品和食品添加剂，但很可能不会想到弹力内衣和沙发填空物。

摸一摸你身上穿的衣服，你能想出它们（比如衬衣或内衣）是用什么材料制成的吗？想不出来？那就查看一下标签，但粘胶纤维是什么？弹力纤维又是怎么来的？下面再来看看浴室的橱柜，牙膏以及洗发香波里都含有什么成分？什么是丙二醇？是不是已经有点摸不着头脑了？那不妨再看看厨房橱柜、小药箱（参见第 174 页）以及口香糖上的成分标签，保证会让你变得更晕。

> **"我只是一个身着弹力棉，左转速度很快的家伙。"**
> —— 冬奥会速滑金牌获得者
> 奥利弗·让

更令人难以置信的是，这些渗透进服装、食品、洗护用品以及药品中数量众多的化学品，全都是在上个世纪里发展出来的。先是在实验室中进行合成，然后扩大规模进入工业化生产。

天然与人工　粘胶纤维，又称为人造丝或人造棉，是第一种化学合成纤维。它能够织成柔软的、具有棉质感的织物，具有易着色、吸汗等优点。粘胶纤维的早期合成方法在 19 世纪末

大事年表

1856 年	1891 年	1905 年	1925 年
威廉·亨利·珀金在 18 岁时发现第一种合成染料	第一种制备粘胶纤维（人造棉）的方法出现	第一种可工业化的粘胶纤维生产方法出现	费托合成法获得专利

就已经发明。实际上，它与植物中普遍存在的天然纤维素分子相差不大，但你无法简单通过种植作物而获得它。粘胶纤维的合成由捣碎的木头开始，所得到的纤维素在经过一系列物理和化学处理之后，生成黄色的黄原酸纤维素，然后用酸处理，使黄原酸根分解，生成由近乎纯净的纤维素构成的、类似天然棉花的纤维。粘胶纤维经常与棉花混纺成织物。

任何利用化学反应制备某种实用产品的过程都可以称为化学合成。像纤维素这样的天然产物其实也是通过化学反应合成的（对纤维素来说，合成者是植物），但化学家更倾向于将它们看成是生物合成产品（参见第142页）。

有时，化学合成的产品其实原本在自然中是天然存在的。对这些化合物来说，人工合成的主要目的是降低成本和增加产量，而并非为了提高天然产物的功用。事实上，在这一方面大自然往往已经做得相当不错。

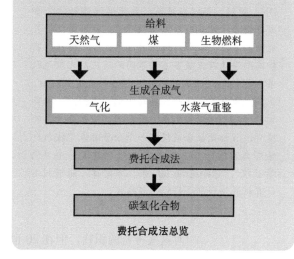

合成燃料

费托合成法是指利用氢气和一氧化碳之间的一系列反应制备合成燃料的化学过程。而氢气和一氧化碳的混合气（称为合成气）可以通过将煤转化为煤气获得。因此，这一方法可以让我们不依赖石油而获得类似汽油（参见第154页）的液态燃料。在南非，萨索尔公司在过去数十年中一直在用煤生产"合成燃料"。

给料：天然气、煤、生物燃料

生成合成气：气化、水蒸气重整

费托合成法

碳氢化合物

费托合成法总览

合成机器

想像一下，有朝一日，要是化学家想合成一个分子，他不再需要绞尽脑汁去设计一系列化学反应，而只需将这个分子的特征输入一台机器中，机器就会自动选择最佳的合成路线并合成出它。这对制药和新材料合成来说，无疑将是一场革命。但至少对于 DNA 来说，这种机器确实存在。"DNA 合成机"可以合成出任意序列的 DNA 短链。不过在目前，要想通过这种方法合成任何分子还具有很大的挑战性，特别是就计算能力而言。一台合成机器要设计出合成路线，可能需要快速搜索数百万种不同的反应，比较无数条可能的路线。尽管它的可行性一直受到怀疑，但还是有一些大胆而认真的尝试。比如，一个英国的研究小组正在从事一项名为"呼叫分子"的项目，目标是让合成任何一个分子都像"拨打电话那么容易"。而一个美国项目构建了一个"化学谷歌"，它知道 86 000 条化学定律，能够利用计算机算法找到最好的合成路线。

比如，生产著名抗流感药物达菲需要用莽草酸作为起始原料，而这个化合物是从中餐调味品八角中提取的。由于八角的产量有限，化学家一直在努力寻找达菲的全合成方法，但这些方法都必须与现有方法在成本方面进行比较和评估。

弹力裤　另外一些合成产物则与自然无关了。事实上，正是它们的"非自然性"让它们变得对我们有用。弹力纤维便是一个"闪亮"的例子，它还有两个更为人熟知的名字：莱卡和氨纶。这种有弹性、紧身的面料为自行车骑手所钟爱。著名服装品牌 Gap 将弹力纤维与尼龙混纺制成瑜伽服，而 Under Armour 的 StudioLux 面料则是弹力纤维与聚酯纤维的混纺织物。现如今，我们早已可以坦然面对这些神奇的织物，但在 20 世纪 60 年代，弹力纤维刚刚进入服装市场时，可以说是掀起了一场革命。

与棉花纤维中的纤维素分子类似，弹力棉中的长链分子也是聚合物，由一些结构相同的"模块分子"重复相连而成。合成这些模块分子需要一系列化学反应，而将它们连接起来需要另外一些。这可能就是为什么杜邦的科学家花费了几十年时间才找到可行的工艺方法。与棉纤维不同，所得到的"K 纤维"（它最初的外号）具有一些令人惊奇并极具价值的性质。它能够被拉伸为原始长度的六倍，并能恢复原形；它更加耐磨；抗拉伸能力强于天然橡胶。杜邦最终使它成为了一个明星产品，女士的服装一下子变得舒适了。

化学骨架　现在，再回想一下我们的衣柜、浴室橱柜以及厨房碗架。想一下在我们所购买的那些商品中有多少材料和成分是化学家们花费数年乃至数十年时间辛苦研究的结晶。支撑起一个现代家庭所需要的化学反应的数目是惊人的。

很多化学合成品都要依靠石油裂解（参见第 58 页）提供稳定可靠的原料来源。如果你还在好奇丙二醇到底是什么，它是洗发香波中的一个成分，能够帮助头发吸收水分并保湿。它可通过环氧丙烷合成，而后者可利用裂解产物丙烯和氯制备。环氧丙烷还可以用于制造防冻剂以及家具和床垫中使用的泡沫材料。因此，尽管很多人可能从未听说过它，它每年的全球需求量超过 600 万吨。不过，这并不是因为它本身有多少用途，而是因为它可以通过化学合成制造出很多不同的日用品。

通过同样的方式，很多化合物构成了（一系列产品的）化学骨架，然后通过添加各种"肌肉"成分，最终制成不同的产品。从医药到染料，从塑料到杀虫剂，从肥皂到溶剂，只要你想得到的物品，在它的生产过程中几乎都有化学工业的参与。

制造有用的化学品

17 哈伯制氨法

弗里茨•哈伯发明的廉价制氨法是20世纪最重要、最具突破性的科学进展之一。用氨制造的肥料帮助养活了数以亿计的人。但它也可被用来制造炸药，在一场世界大战即将爆发的时候，这一事实让那些将哈伯法工业化的人无法置之不顾。

亨利•路易•勒夏特列的父亲是一位工程师，对蒸汽火车和炼钢非常感兴趣，邀请过很多知名的科学家来家中做客。因此，勒夏特列从小就认识了许多著名的法国化学家。他们一定对他产生了一些难以磨灭的影响，因为他后来成为史上最著名的化学家之一。一条基础的化学定律便以他的名字命名——勒夏特列原理（参见第 37 页）。

勒夏特列原理描述了可逆反应中发生的事情。但不无讽刺的是，他在尝试地球上一个最重要的可逆反应（参见对页"合成氨反应"）时却出了差错，搞砸了一个可以让他获得某个重要化合物的实验，而这个化合物如今已经成为全球化肥和军火工业的核心。

硝酸盐战争　肥料有时被描述为含有"活性氮"的物质，因为与地球大气中的"非活性氮"（即氮气）不同，肥料中的氮能够被动植物吸收用于合成蛋白质。20 世纪初，整个世界都已经意识到活性氮对于肥

大事年表

1807 年	1879 年	1901 年	1907 年
汉弗莱•戴维通过在空气中电解水制得氢	智利因硝石向玻利维亚和秘鲁宣战	勒夏特列放弃尝试合成氨	瓦尔特•能斯脱通过加压制得氨

料的重要性，开始从南美进口天然硝石（NaNO₃）或硝酸钾（KNO₃）以增加粮食产量。为了争夺这些矿产还引发了一场战争，最终智利获得了胜利。

与此同时，欧洲人也迫切地想在自己的地盘上找到一个取之不尽的氨的"宝库"，但在当时，将氮气（N₂）转化为活性氮（比如氨），即"固氮"，既耗能又费钱。在法国，勒夏特列想通过让氨的两个组分，即氢气和氮气，在高压下反应来解决这个难题，但他的实验爆炸了，他的助手差点儿丧命。

> ## 合成氨反应
>
> 用于合成氨的可逆反应可表示如下：
>
> $$N_2 + 3H_2 \rightleftharpoons 2NH_3$$
>
> 这是一个氧化还原反应（参见第 50 页），同时它还是一个放热反应，这意味着它会向环境中释放热量，因而不需要太多的（外部）热量以维持反应。事实上，它在低温下也可以顺利进行。但如果要进行工业化生产，一般都需要加热。尽管加热会使化学平衡（参见第 34 页）向左稍微移动，生成更多的反应物，即氮气和氢气，但反应速度却快了很多，意味着可以在较短的时间内生产更多的氨。

后来，勒夏特列发现他失败的原因是空气中的氧混入了实验装置中。可以说他距离成功合成出氨只是咫尺之遥，但最后却是一名德国科学家，弗里茨·哈伯，将自己的名字与合成氨的反应联系在了一起。随着第一次世界大战爆发，氨出于另外一个原因而变得更加重要：它可被用来制造硝化甘油和梯恩梯炸药。欧洲人原本打算用来制造化肥的氨很快就被战争机器吞噬了。

哈伯法　如果不是那场险些闹出人命的爆炸，勒夏特列也许不会放

1909 年	1914 年	1915 年	1918 年
弗里茨·哈伯在实验室中制得氨	第一次世界大战在欧洲爆发	哈伯主持在伊普尔的氯气攻击	哈伯被授予诺贝尔化学奖

弃他在合成氨方面的工作，哈伯法也许会叫作勒夏特列法。不过，即使没有叫这个名字，哈伯法还是利用了勒夏特列定律。在那个重要的合成氨反应中，两个反应物（氢气和氮气）与产物（氨）之间形成了一个化学平衡。根据勒夏特列原理，移除某些产物会破坏平衡，促使反应向右移动，重新建立平衡。因此在哈伯法中，氨被不断移除以提高产量。

哈伯使用了一种铁的氧化物作为催化剂加速这一反应。有证据表明，勒夏特列在这一点上距离成功也不遥远。在 1936 年出版的一本书中，他提到曾经使用过金属铁作为催化剂。另外，瓦尔特·能斯脱的工作也启发了哈伯，这位研究热力学的理论化学家在 1907 年曾经制造

自然固氮

硝石是一种包含"活性氮"或者"固定氮"的天然矿物。在哈伯法出现之前，另外一个"活性氮"的重要来源是秘鲁鸟粪，也就是栖息在秘鲁海岸的海鸟所排泄的粪便。19 世纪末，欧洲人曾大量进口它们作为肥料。自然界中还存在其他固氮途径。比如，闪电可以将空气中少量的氮转化为氮氧化物，早期的人工固氮法便是通过放电模拟这一过程，但这一方法成本太高。某些生活在苜蓿、豌豆、大豆等豆科植物根瘤中的特定细菌也能够固氮。正是由于这个原因，农民们经常采用轮种的方式恢复土壤的肥力，为来年的作物提供养分。比如，种植草木樨可以让土壤获得"氮储备"，意味着第二年在种植谷物时可以少施肥。

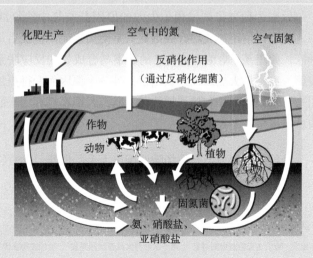

出氨。但只有哈伯因这一方面的工作获得了荣誉。1909 年，哈伯在实验室中成功合成出氨，之后他的同事卡尔·博世将其工业化（因而这一方法有时也称为哈伯－博世法）。差不多十年后，哈伯因此被授予诺贝尔化学奖，但这成为了一个有争议的决定。

> ❝**合成氨的发现就这样从我手中溜走，这无疑是我科学生涯中最大的失误！**❞
>
> ——亨利·路易·勒夏特列

据估计，化肥中的氮使得农作物的产量翻番。在哈伯的发明问世后的百年间，这种廉价、节能的方法制出的氨所培育的农作物养育了全球 40 亿人口，被誉为"来自空气的面包"。然而，在 20 世纪的武装冲突中有超过 1 亿人丧生，而哈伯法与其中大多数有关。尽管勒夏特列可能一直渴望获得合成氨发明者的荣誉，但他至少在这个方面保住了名声。

哈伯实在是太不顾及自己的名声了。1915 年 4 月，他策划了在伊普尔针对法国军队的氯气攻击，杀死了数千名法国士兵。他的妻子曾恳求他放弃化学武器方面的工作，最终在这次攻击后饮弹自尽。哈伯虽然赢得了诺贝尔奖，却输掉了名声。[①]勒夏特列则因为成功解释了控制化学平衡的原理而流芳百世。

决定生和死的化学

---

① 其实，哈伯的名声并非如此不堪。他因哈伯法获得诺贝尔奖可算实至名归，这项发明也一直在造福人类。而他致力于研究化学武器只是出于对祖国的热爱，希望德国能够在"一战"中获胜。他曾说过："一位科学家在和平时期属于全世界，但在战争时期只属于他的祖国。"而且化学武器在"一战"期间并未受到任何国际公约的禁止。另外，1912 年诺贝尔化学家得主、格氏试剂的发明者、法国化学家维克多·格林尼亚在"一战"期间也在研究化学武器，而且是哈伯的主要对手。——译者注

18 手性

两个分子可以看上去一模一样却表现得完全不同。化学中的这一怪事源自于"手性"。也就是说，这两个分子就像左右手那样互为镜像：结构相似但不能重合。言下之意，在一对手性物质中，其中一个会有预期的功能，另外一个则具有完全不同的作用。

将双手合十，你会惊奇地发现它们的不对称性。我们的左手就像是右手的镜像，它们貌似一模一样，却正好相反。无论如何操作，我们都无法将左手和右手完全重叠在一起。即使现代医学技术能够完美地进行手移植手术，也无法将左右手互换并保持原有的功能。

有些分子就像我们的双手，它们有一个互为镜像但不能重合的"小伙伴"。它们拥有完全相同的原子，结构看上去也完全一样，但其中一个其实是另外一个的"倒影"。这一对如同左右手的分子有一个学名，叫作"对映体"，而任何拥有对映体的分子都具有手性。

左撇子在使用为右撇子设计的剪刀时对左右手的区别一定深有感触。而两个对映体之间的区别可能会大到是否拥有某种预期的功能。日

大事年表

1848 年	1957 年	1961 年	1980 年
路易·巴斯德发现酒石酸钠铵的手性	反应停首先在德国上市	反应停开始下架	"EPC 合成"一词出现

常生活中使用的汽油、杀虫剂、药物，以及体内的蛋白质都是手性分子。

"好人"与"坏蛋" 合成具有"正确手性"的手性分子已经成为化学中一个门类齐全的分支。将一种化学品工业化的最终目的是获得足够高的产量以便获利。因此，如果一个用于合成新型药物的反应得到的是"左右手分子"（更专业的名称为"左右旋分子"）的混合物，而只有"左旋分子"有功效的话，这个反应就需要进一步优化。

目前所生产的药物中有一半以上都是手性化合物。尽管其中很多是以两个对映体的混合物形式出售的，但其中一个对映体的功效往往更好。用于治疗高血压和心脏病的 β 受体阻滞剂则是一个极端的例子，其中"错误的"对映体甚至是有害的。

关于"坏的"对映体，最令人震惊的例子莫过于"反应停"（酞胺哌啶酮）了，它因为对胎儿有害而臭名昭著。20 世纪 50 年代，它刚上市时是一种具有镇静作用的处方药，然后很快就被用于缓解孕妇的晨吐。然而不幸的是，它的对映体具有致畸性，会导致婴儿出生缺陷。据估计，超过一万名婴儿因此致残。时至今日，致残婴儿与相关制药厂之间的法律纠纷依旧没有平息。

> ### 外消旋体
>
> 由等量的左旋和右旋分子构成的混合物被称为外消旋体，或者消旋混合物。因此，当部分反应停分子发生构型反转从而形成混合物时，这被称为外消旋化。

2001 年
诺贝尔化学奖授予药物的不对称合成

2012 年
在加拿大塔吉什湖发现的陨石碎片中分析出含有超量的左旋氨基酸

如何分辨一个化合物是否有手性？

如果两个分子由相同的原子构成，但原子间的连接方式不同，它们被称为同分异构体。但对于手性化合物，两个异构体的连接方式也是相同的。无论从哪个角度看上去，它们几乎都一模一样，除了它们互为镜像。那么我们怎样才能分辨一个分子到底是不是具有手性呢？一种分辨方法是手性分子不具有对称面。因此，如果沿着分子的中心画一条线而它的两侧能够重合的话（就像是剪纸），它就不具有手性。但需要记住一点，分子是三维物体，在它的中心画一条线并不像看起来那么容易。事实上，如果只从纸面上看一个分子的结构式，往往很难判断一个分子是否具有手性。对于复杂的分子，搭建一个三维的球棒模型会很有帮助（参见第 135 页"糖与立体异构体"）。

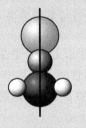

对称面

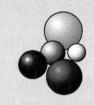

分子中不存在任何对称面

制造镜像 试图合成只含"好的"反应停的尝试被证明是徒劳的，因为两种对映体在人体内会相互转化（参见第 71 页"外消旋体"），变为好坏两种对映体的混合物。有些化合物则能够与它的对映体分开，而让反应只生成一种对映体也是可能的。2001 年，两位美国化学家和一位日本化学家因在手性催化剂方面的工作被授予诺贝尔化学奖，他们的研究成果可用于合成包括药物在内的手性化合物。其中，威廉·诺尔斯获奖的原因是他设计了一个反应，可以只生成"好的"多巴，一种治疗帕金森的药。与反应停类似，这种药物的对映体是有毒的。

以前，制药公司习惯于生产包含一对对映体的药物，只是将其中那个低效或者无效的对映体看作是副产品。最近几十年，随着药品监管部门开始更加重视对映体所带来的潜在问题，制药公司开始尽量生成只含一个对映体的药物。

生命是"单手"的 然而，大自然做事的方法有所不同。在实验室中合成手性化合物时，得到的往往是由基本等量的两种对映体构成的混合物。但生物分子却遵循一定的手性原则。比如，用于构筑蛋白质的氨基酸都是左旋的，而糖都是右旋的。没有人确切知道其中的原因，尽管研究生命起源的科学家对此有着各种理论。

一些科学家认为在地球形成早期，流星体带来的分子决定了地球上的生命选择"向左走，还是向右走"。我们已经确认落到地球上的一些流星体带有氨基酸，也许地球上的生命分子在原始海洋中形成之时，其中的有机化合物稍微多吸收了一点流星体带来的左旋分子。也许真实情况稍有不同，但总归是有什么引发了对于左旋和右旋分子的某种不平衡，然后不平衡随着时间被放大了。当然，我们不可能回到过去验证这一理论，因此我们也无法排除对单一手性的偏好是在生命变得更加复杂之后才形成的。

> **当爱丽丝思考起自己透过镜子看到的宏观世界时，她注意到了手性。**
> ——唐娜·布莱克蒙德，化学家

生物分子的手性不仅仅只是一个有趣的科学问题，它也让我们对合成手性化合物以及它们作为药物时的功效有了更深刻的理解。药物的功效来源于它们与人体内的生物分子的相互作用，一种药物要想"有效"，它首先得"合适"。这就像戴手套，只有左手的手套才更适合左手。

互为镜像的分子

19 绿色化学

过去的几十年见证了绿色化学的崛起。**绿色化学推崇采用可持续发展的方法进行科学研究，包括减少废物的产生、鼓励化学家更巧妙地设计化学反应等。而最不可思议的是，这门科学可以说是起源于一台推土机对马萨诸塞州昆西市一个庭院的"造访"。**

保罗·阿纳斯塔斯成长于美国马萨诸塞州昆西市，曾几何时在他家门前就能欣赏到昆西湿地的风光。但这幅风景很快就被大公司和玻璃幕墙大厦所取代，这让 9 岁的小保罗写下了一篇关于湿地的散文，并由此获得了一项总统优秀奖。将近 20 年后，他获得了有机化学博士学位，随后进入美国环保局（EPA）工作。在那里工作期间，他立志要发展更加精巧、绿色的新型化学，这使他后来成为化学界人人皆知的"绿色化学之父"。

当时，他年仅 28 岁。阿纳斯塔斯提出的"绿色化学"概念的主旨是减少化学品、化学反应以及化学工业对环境的影响。具体途径包括采用更为精巧、对环境更为友好的方式进行科学研究，减少废物的生成，降低化学过程所需的能耗等。他很清楚这一概念可能不那么容易被工业界所接受，所以他又为其贴上"越精巧越省钱"的标签加以推广。

大事年表

1991 年	1995 年	1998 年
保罗·阿纳斯塔斯提出"绿色化学"一词	美国总统绿色化学挑战奖设立	阿纳斯塔斯和约翰·沃纳出版《绿色化学：理论与实践》一书

淡化海水的绿色化

人口剧增和干旱意味着水资源越来越稀缺。世界上很多城市都建立了海水淡化厂，使得它们可以通过淡化海水补充饮用水资源。目前，淡化海水普遍采用的是反渗透法，其原理是通过外力让水通过一层"带有小孔"的薄膜。这是一个高能耗的过程，而制备反渗透所需的特殊薄膜也需要使用大量化学品和溶剂。2011 年，美国总统绿色化学挑战奖的一位获奖者科腾公司开发了一种制备新型、廉价聚合物膜的方法，可以减少有害化学品的使用量。这种名为 NEXAR 的薄膜还可以降低海水淡化厂的能耗，减少将近一半的能耗费用。

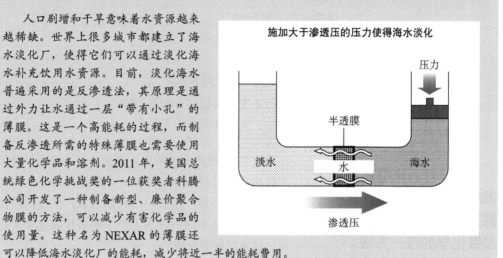

施加大于渗透压的压力使得海水淡化

压力

半透膜

淡水　水　海水

渗透压

绿色化学的 12 条原则　1998 年，阿纳斯塔斯和宝丽来公司的化学家约翰·沃纳一同提出了绿色化学的 12 条原则。其要点大致如下：

1. 尽可能减少废物的生成；
2. 设计一个尽可能用掉所投入的全部原子的反应；
3. 不使用危险品作为反应物，不产生有害的副产物；
4. 发展低毒的新产品；

2011 年
绿色化学产值达到 28 亿美元

2020 年
绿色化学的产值预计可达 985 亿美元

5. 使用更安全的溶剂，并减少用量；

6. 高能效；

7. 使用可再生的原料；

8. 设计只生成所需产物的化学反应；

9. 使用催化剂提高效率；

10. 设计可在自然界中安全降解的产品；

11. 监测反应，防止生成废物和有害副产物；

12. 尽量减少事故、火灾和爆炸的发生。

> **❝只有当绿色化学这个概念消失之后，绿色化学才算是胜利者，因为那时它将是做化学的唯一方法。❞**
>
> ——保罗·阿纳斯塔斯，
> 引自《纽约时报》

这 12 条原则追求的是，更加高效地使用反应物和创造出产物，使用和生成对人和环境毒害较低的化学品。你可能会想，这些不过只是常识。但对已经使用另外一套完全不同的方法生产了很多年的化学工业来说，这实属振聋发聩。

就职于白宫　阿纳斯塔斯迅速从低级化学师升职为部门主管，然后又成为环保局新启动的绿色化学项目的负责人。在他作为负责人的第一年中，他推动设立了一系列奖项，以表彰在绿色化学方面取得成就的科学家和公司。比尔·克林顿总统将这些奖项升级为美国总统绿色化学挑战奖。它们的影响现在仍然很大。

2012 年，其中一个获奖者是巴克曼国际公司。该公司的化学家发明了一种制造韧性较强的再生纸的方法，而且不需要消耗太多化工原料和能量。他们遵循了绿色化学 12 条原则中的第 9 条，使用酶（一种生物催化剂）引导反应生成结构适当的木纤维。据他们的估计，酶可以让一家造纸厂每年节省 100 万美元，这也印证了"越精巧越省钱"的理论。其他获奖项目还包括用绿色的方法制造化妆品、燃料以及淡化海水的半透膜。阿纳斯塔斯也很快被克林顿招至麾下，就职于白宫科技政策办公室负责制定环境政策。他 9 岁时获得总统奖，而设立自己的总统奖，并就职于白宫时，他年仅 37 岁。

绿色未来　根据美国环保局的数据，1991 年，也就是阿纳斯塔斯提出绿色化学概念的那一年，美国产生了 2.78 亿吨有害化学废物；而到 2009 年，这个数目下降到了 3500 万吨。许多公司开始注意自身对环境的影响。但我们也不要高兴得太早，阿纳斯塔斯的确做得很棒，想出了很多好点子，并且成功入职白宫，但工业的问题并不能一蹴而就。前面的路还很长。很多日用品所必需的重要化学品还要依靠炼油得到，而石油既不可再生，也可能会造成很严重的污染。需要做的还有很多。

> ## 原子经济性
>
> 　　绿色化学的基本原则涉及一个概念，"原子经济性"。不过最早提出这一概念的并非阿纳斯塔斯和沃纳，而是斯坦福大学的巴里·特罗斯特。它指的是在一个反应中，产物所含的总原子数与反应物所含的总原子数之间的比例，可以借此评估一个反应中原子的使用率。在绿色化学中，每个原子都要物尽其用。

　　绿色化学依旧是一个年轻的领域，但预期增长很迅速。据估计，到 2020 年，其产值将近 1000 亿美元。然而，只有当整个化学工业都绿色化后，阿纳斯塔斯才会感到满足。2011 年，在顶级学术期刊《自然》的专访中，他表示自己的终级目标是在至多 20 年后，化学要完全采纳绿色化学的原则。一旦这个目标达成，"绿色化学"一词也将随之消失，那时绿色化学即化学。

不伤害环境的化学

20 分离

　　无论是从早餐咖啡中过滤掉咖啡渣，从茉莉花中提取香水，还是从犯罪现场的血迹中分离出海洛因，都需要用到化学中最有用的一项技术：将一种物质从其他物质中分离出来。在荷兰语中，"化学"一词直译过来就是"分离的艺术"。

　　在所有的侦探影视剧中都会有这样的情节：司法鉴定小组的法医们接管了犯罪现场，然后忙碌起来。观众不知道他们在忙什么，也不知道他们在回到实验室之后又做了什么，只看到他们身着像纸一样薄的一次性工作服进入镜头，几分钟后，神探们就拿到了报告。案子解决。

　　看看法医们的实际工作应该会很有趣。他们擅长的事情之一是化学分离。想像一下，法医们来到一个尤其杂乱的罪案现场，到处都是血迹和吸毒痕迹。取完样之后，他们要做的一件事情是确认涉案人员都吸食了何种毒品。他们采集到了血样，但怎么才能将毒品从血样中提取出来进行鉴定呢？这个问题比海底捞针还要复杂得多。在这里，要分离的两种物质都是湿的，而且显然不能用手去分离。

　　色谱　法医们肯定会使用的是某种色谱技术。简单来说，他们想

大事年表

古埃及	1906 年	1941 年	1945 年
利用脂肪从花中提取香精	第一篇有关色谱技术的论文发表	马丁和辛格发明分配色谱	埃丽卡·克里默和弗里茨·普赖尔发明气相色谱

让毒品附着在某些"黏性"东西上，这样血液流走后，剩下的就是毒品了。这有点像用磁铁把针吸出来。在法医科学中，毒品（或者针）被称为分析物。

香水与墨水 在原理上，现代色谱技术与工业（比如香水制造）中已经使用了数个世纪的萃取技术基本一致。吸附材料并不一定必须是固体。比如，从茉莉花中提取精油时，香水制造工人使用就是正己烷之类的液体试剂。关键是，芳香化合物与这种液体的亲合性要强于鲜花中的其他化合物。

很多人对色谱有所了解，是因为中学时我们曾用滤纸分离过不同颜色的墨水或色素（也就是分析物）。两种不同的色素与纸的相互

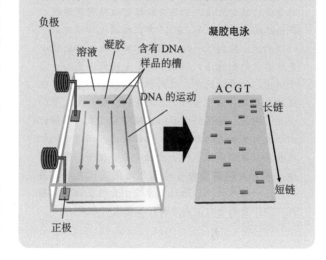

电泳

电泳涵盖了一系列利用电场分离蛋白质和DNA分子的方法。当样品加到凝胶或者流体之中，分子会因表面电荷不同而分离：带负电的分子会移向正极，带正电的分子则移向负电极。另外，较小的分子移动得会更快一些，因为它们遇到的阻力较小，因而其中的组分也会根据体积而分离。

凝胶电泳

负极
溶液　凝胶　含有DNA样品的槽
DNA的运动
正极
ACGT
长链
短链

作用不同，使得它们在纸上形成了相互分离、不同颜色的点。最早使用色谱技术的科学家是20世纪初的一位植物学家，他用纸分离了植物色素。但直到1941年，阿彻·马丁和理查德·辛格结合液液萃取法（香

1952 年
马丁和辛格被授予诺贝尔化学奖

1970 年
乔鲍·霍瓦特提出 HPLC 一词，起初意为高压液相色谱，后来意指高效液相色谱

1990 年
首次借助毛细管电泳分离 DNA 序列

区分出小麦

在食品工业分析中也经常用到分离技术。有一些公司专门负责帮助食品制造厂商分析产品中混入的化学品和其他外来物，而分析过程就包括将它们从其他成分中分离出来。一个问题是那些以无麸质、无小麦或无乳糖为卖点的产品的"污染"问题。在这些产品中，即使只存在极少量的致敏分子都会使过敏者致病。食品分析师可以使用色谱技术找出这些杂质。比如，2015 年，德国化学家完成了一项研究，找到了一种从斯佩尔特小麦中发现小麦污染物的新方法。斯佩尔特小麦粉比小麦粉更易于消化，但麻烦的是，这两种谷物很容易杂交，生成的杂交品种由于含有两者的基因，会产生大量的小麦蛋白质。德国科学家的这项研究成果能够辨识出小麦特有的麦醇溶蛋白。他们提出可以通过高效液相色谱检测斯佩尔特小麦粉中是否含有小麦的成分，因为麦醇溶蛋白可以在色谱图显现身影。另外，这一技术还可以通过区分类小麦的蛋白与类斯佩尔特小麦的蛋白，来对两种谷物进行分类。

水制造业使用的技术）和色谱法，才发明了现代"分配色谱技术"，并成功利用硅胶分离了氨基酸。

虽然色谱与萃取在本质上是相同的，但法医们还是更倾向于使用色谱，因为它更适合于分离小量化学品，比如毒品、炸药、灰烬或其他分析物。

更进一步 在中学的色谱实验中，滤纸称为"固定相"，颜料称为"流动相"，因为它会在纸上移动。虽然如今司法鉴定实验室都是高科技实验室，但这两个名字依旧在使用。目前，应用最广泛的两种色谱技术分别是气相色谱（GC）和高效液相色谱（HPLC）。两者都能够用于分离毒品、炸药以及灰烬。它们也都可以直接与质谱仪（参见第 82 页）相连，帮助法医们确定某个化学品的身份。比如，通过分析物特定的"指纹峰"分辨出它是海洛因。

为了确定含有海洛因的血样的主人，法医们可以使用毛细管电泳（参见第 79 页"电泳"），这也是一种常用的分离技术。DNA（分析物）在电场作用下会沿着细小的管子移动，并会因为 DNA 基因图谱的不同而形成不同的图案，然后用嫌疑人的血样或头发作为参照与之进行比较，就可确认血样是否来自嫌疑人。法医所需掌握的主要技能是决定使用何种技术，以及怎样最好地将它们结合起来。比如，虽然最终的目标是检测海洛因，但检测过程可能包含好几个分离步骤以便弄清要去哪里检测它。

其他分离技术 当然，绝不是只有法医们才会用到分离技术（虽然他们是出镜率最高的），它是一项基本的分析化学方法。另外一些值得一提的分离技术有古老的蒸馏法以及离心技术，前者可以分离沸点不同的液体（参见第 58 页），而后者是利用离心机分离密度不同的粒子。读者应该已经看出了端倪：所有的化学分离技术依靠的都是被分离物之间性质上的差异。作为最后一个例子，用于分离液体咖啡与固体咖啡渣的滤纸所依靠的是相态。过滤也是一项常用的实验分离技术，只是化学家可能会使用真空泵来加速这一过程。实验室中还有另外一些方法让化学家了解混合物或化合物的成分。

> **甚至到现在，在荷兰，化学依然被称为 scheikunde，或者'分离的艺术'。**
>
> —— 阿尔内·蒂塞利乌斯教授，1952 年诺贝尔化学奖委员会成员

侦探影视剧不会讲的内容

21 光谱

在大多数人看来，光谱图就是一些不知所云的尖刺或波浪图，只会出现在科技论文的结论部分。但对于接受过训练的人来说，这些图谱却能揭示一个化合物的细微结构。另外，用于绘制这些谱图的一项技术还成为了癌症诊断和治疗中的一项关键技术——核磁共振成像（MRI）的基础。

当脑瘤患者接受核磁共振成像检查时，医生会要求他们平躺进一台含有强大磁铁的仪器中，让仪器绘制他们脑部的图像。这些图像可以区分脑瘤与周围的健康组织，帮助医生决定能否以及如何进行手术。核磁共振成像技术在扫描病人脑部时不会给他们带来任何痛苦和伤害，病人需要做的也只是安静地躺着以免影响成像质量。

核磁共振成像对人无害，这一点往往不得不强调再三。其中一个原因是，核磁共振成像技术源于核磁共振（NMR），两者名字中的"核"字总让不明真相的群众联想到核辐射。但实际上，此"核"非彼"核"。无论是核磁共振还是核磁共振成像技术，它们都基于某些原子核的一个天然特性：它们的原子核可以充当微型磁铁，而外加强磁场则会影响原子核的行为。通过利用无线电波对其进行监听，核磁共振仪可以分辨出

大事年表

1945 年	1955 年	1960 年
爱德华·珀塞耳和费力克斯·布洛赫各自独立地发现了核磁共振现象	威廉·多本和伊莱亚斯·科里使用核磁共振发现分子结构	第一台成功商用的核磁共振仪 Varian A-60 上市

原子核所处的环境信息，而核磁共振成像仪则可以得到病人脑部的信息。

从核磁共振到核磁共振成像 保罗·劳特伯，这位化学家因在核磁共振成像技术的发展中居功至伟而被授予 2003 年诺贝尔奖，但他原本是一位核磁共振专家。20 世纪 50 年代，他在梅隆研究所读博士期间学

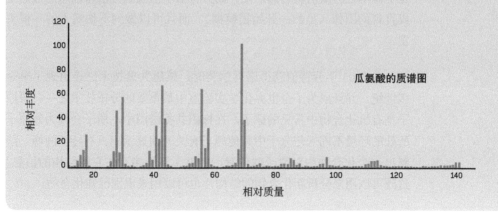

新生儿筛查

质谱是分析新生儿血样中的化学物质时所采用的技术之一，它可以分辨出表明新生儿可能患有某种遗传性疾病的分子。比如，血样中瓜氨酸（一种氨基酸）的浓度较高表明婴儿可能患有一种名为瓜氨酸血症的遗传病。这种疾病将导致毒素在血液中积累，引起呕吐、癫痫发作以及生长受阻。由于参与了新陈代谢过程，瓜氨酸还是类风湿性关节炎的生物标志物。瓜氨酸血症并不常见，但如果不及时治疗会很快危及生命。质谱是一种非常迅速准确的分析方法，它还能够同时检测好几种不同的化合物，因而一份血样可以用于检测多种不同的疾病。

瓜氨酸的质谱图

习了这项技术，随后在美国陆军短暂服役期间也一直在使用它。传说他曾是陆军化学中心唯一一位会操作那台新核磁共振仪的人。也大概是在那个时期，瓦立安公司推出了第一台商用核磁共振仪：Varian A-60。而它很快会在医学中得到更广泛的应用。

> **在核磁共振出现之前，化学家可能需要花费好几个月甚至好几年的时间去测定一个分子的结构。**
>
> ——保罗·狄拉克，1963 年

最常用于绘制核磁共振谱图的元素是氢，它存在于水中，而血浆和细胞中存在着大量的水。因此，利用氢核作为磁体，可以通过核磁共振对病人头部成像。1971 年，一位医生所做的一项有关肿瘤细胞的研究引起了劳特伯的注意。这项研究表明肿瘤细胞与正常细胞的含水量存在差异，而一位名叫雷蒙德·达马迪安的科学家证实核磁共振可以区分它们。只是他只用小鼠做了实验，而且还不得不在测试前将它们杀死。而劳特伯不但找到办法将抽象的数据变成直观的图像（虽然一开始很模糊），而且可以做到不伤病人的一根头发。

在 2003 年劳特伯获得诺贝尔奖时，核磁共振技术已经出现了半个多世纪，并且成为了全世界化学实验室中最重要的分析技术之一。氢原子是有机化合物中常见的原子，在核磁共振谱图中，质子会因为氢原子所处的环境不同（与分子中其他原子有关）而显示出具有特征的峰。绘制出一个化合物中氢原子的位置，能够了解很多有关它的结构的信息，这既可以用来分析新化合物的结构，也可以用来识别已知化合物。

解谱　一个分子的核磁共振谱图成为了表征它身份的"二维码"或者"化学指纹"。当然，还有其他类型的化学指纹，它们与核磁共振谱图一样需要通过辨识特征峰或者特征波形来解谱。在质谱中，不同的峰代表着不同的分子碎片（离子），它们是分子被高能电子束击碎后形成的。碎片峰对应的横坐标表示碎片的质量，峰的高度则表示碎片的数量。这使得科学家可以识别出一个未知物质的各个组成部分，然后通过研究它们如何相互结合，推导出它的分子结构。

红外分析 另外一个重要的分析技术是红外光谱（IR）。它使用红外辐射使得一个分子中化学键振动得更加剧烈，不同的化学键振动

谱图造假

在化学中，一张核磁谱图可能会成为一个化学反应是否确实进行的有力证据，而这一证据有可能决定一篇论文能否发表。正因为如此，有些人可能会试图篡改这些证据以支持自己的论点。2005年，美国哥伦比亚大学的化学家本居·塞曾就因为被发现篡改过核磁共振谱图而导致几篇论文被撤稿。

的方式不同，因而红外光谱图会包含一系列代表着不同化学键的峰。比如，醇分子中的羟基（OH）便会产生非常特征的峰，尽管实际的谱图可能会因为相邻化学键的干扰而变得非常复杂。与其他谱图一样，红外谱图包含分子的指纹信息，利用经验可以对其进行辨识，从而确定分子的结构。

以上这些识别分子的技术不仅仅只有那些整日面对着烧杯、试管的化学家会用到。它们还被用于监测化学反应、精确识别生物大分子、指出庞大的蛋白质序列中一个氨基酸的变化等。质谱被广泛应用于发现和测试药物、对新生儿进行某些疾病的筛查（参见第83页"新生儿筛查"），以及检测食物中的污染物。

分子的化学指纹

22 晶体学

任何涉及使用X射线轰击物体的事情不由得听起来都像是科幻小说，特别是还需要使用一台重达数千吨的设备。但晶体学是一门严肃科学的事实并不会减损它的魅力。

在英国牛津以南不远的地方，有一座银色大厦矗立在绿地之中。从附近的公路上望去，它就像一座体育场。但不要被它的外表所迷惑，这里坐落着英国最昂贵的科学研究机构：钻石光源同步加速器。大厦中的科学家正在将电子加速到不可思议的速度，从而产生比太阳光亮一百亿倍的光线。

与欧洲的大型强子对撞机有点类似，钻石光源也是一台粒子加速器，只是被加速的粒子不会对撞，而是被聚焦到尺寸只有千分之几毫米的晶体上。利用钻石光源所产生的超强光，科学家能够一窥单个分子的世界，揭示其中的原子是如何相互连接的。

X 射线视力　钻石光源产生是超强 X 射线。这种由威廉·伦琴于 1895 年发现的射线一直是解析分子结构的基础，不论是重要生物分子、药物分子，还是用于太阳能电池板、建筑以及水处理的最新材料分子。

大事年表

1895 年	1913 年	1937 年	1946 年
威廉·伦琴发现 X 射线	威廉·亨利·布拉格和威廉·劳伦斯·布拉格父子用 X 射线分析晶体结构	霍奇金解析出胆固醇的结构	霍奇金解析出青霉素的结构

原理其实很简单，X 射线被物质衍射之后形成的图案，可以揭示分子中的原子在三维空间中的排布。而衍射图案可以通过解析 X 射线击中检测器后形成的一系列点状信号得到。但实际做起来并不容易，这项称为"X 射线晶体衍射"的技术需要结构完美的晶体，也就是说，其中的分子必须排列得整齐有序。并非所有分子都那么容易形成完美晶体，水和食盐这种简单分子还算容易，但像蛋白质这样巨大的分子就需要精心培养了。

多萝西·克劳福特·霍奇金（1910—1994）

霍奇金是 20 世纪最伟大的科学家之一。她还是一位教师、一位受人尊敬的实验室主管（她的一位学生玛格丽特·撒切尔后来成为了英国首相），曾长期担任布里斯托尔大学的校长，同时还是一位人道主义战士。她的头像在英国邮票上出现过两次。

找到如何长出完美晶体的方法可能需要数年乃至数十年的时间。当以色列化学家阿达·约纳特决定培养核糖体的晶体时，她所面对的便是这样一种情况。核糖体是细胞用来制造蛋白质的机器，由于它存在于所有生物（包括微生物）体内，弄清它的结构对于对抗各种危险疾病非常有用。但问题是，核糖体由多种不同的蛋白质和其他分子构成，涉及几十万个原子和极为复杂的结构。

结晶方法　从 20 世纪 70 年代后期开始，约纳特先是用了十多年的时间努力培养各种细菌核糖体的晶体以便用于 X 射线衍射检测。当她终于获得质量足够高的晶体时，X 射线产生的图案却很难解读，图像的分辨率也非常低。直到 2000 年，在花费近三十年时间之后，通过与其

1956 年	1964 年	1969 年	2009 年
霍奇金解析出维生素 B_{12} 的结构	霍奇金因在生物分子晶体结构方面的工作被授予诺贝尔奖	霍奇金解析出胰岛素的结构	对核糖体晶体结构的解析获得诺贝尔奖

X 射线检测

现如今，进行结构测定时所需晶体的尺寸要比多萝西·霍奇金在 20 世纪 40 年代所需的小得多。这是因为现在能够产生更为强大的 X 射线。X 射线是通过电子在粒子加速器中高速旋转产生的。与可见光相似，X 射线也是一种电磁辐射，只是它的波长要比可见光的短得多。可见光不能用于研究原子层面的结构，因为它的波长太长，远远长于原子的尺寸，因而不能发生衍射。在进行 X 射线晶体衍射实验时，晶体被置于一个类似大头针头的支架上，在进行衍射时需要保持冷却。X 射线衍射在检测器上产生的图案被称为衍射图样。

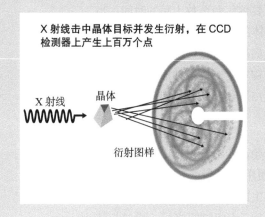

X 射线击中晶体目标并发生衍射，在 CCD 检测器上产生上百万个点

X 射线　晶体

衍射图样

他科学家合作（后来他们一起获得了诺贝尔奖），她才最终获得了足够清晰的图像，揭示出核糖体在原子级别上的结构。这绝对称得上是一项伟大的胜利，当初约纳特开始着手这项工作时，没有人相信她能够成功。最近，制药公司已经开始利用约纳特及其同事提供的核糖体结构，尝试设计能够战胜耐药菌的新药。

不过，阿达·约纳特并不是第一位将毕生事业奉献给晶体学的女性。事实上，从 20 世纪 30 年代以来，引领整个 X 射线晶体学的一直是一位女性：多萝西·克劳福特·霍奇金。她解析出了许多重要生物分子的晶体结构，比如胆固醇、青霉素、维生素 B_{12} 以及胰岛素，其中最后一个是在她获得诺贝尔奖之后才完成的。尽管从 24 岁起类风湿性关节炎的病痛就一直折磨着她，但她依旧忘我地工作，让那些怀疑者都闭上了嘴巴。她开始研究青霉素时，正值第二次世界大战期间，那时这项技术刚刚出现不久，其他科学家对她的工作都表示了怀疑。她在牛津大学的一位同事甚至公开嘲笑她所解析出的结构，但后来证明这个结构是对的。霍奇金解析出青霉素的结构只花费了三年时间，而胰岛素则花费了她三十多年的时间。

数字化　在霍奇金的时代，所有的工作都是使用照相底片来完成的。X 射线在击中晶体发生衍射之后，会让放在晶体后面的照相底片感光并形成一些斑点，构成能够用于揭示原子层面结构的衍射图案。现如今的 X 射线晶体学使用的则是数字检测器，更不用说还有像钻石光源这样强大的粒子加速器，以及能够处理所有数据、完成解析结构所需繁琐计算的计算机。正是在使用曼彻斯特大学的计算机帮自己解析了维生素 B_{12} 的结构之后，霍奇金说服牛津大学购置了计算机。而在那之前，她只能使用她强大的大脑来完成那些复杂的数学计算。

看起来 X 射线晶体学及其支持者已经获得了完胜。一些科学家曾怀疑过它的应用，但自从 20 世纪 60 年代以来，晶体衍射技术已经揭示了超过九万种蛋白质及其他生物分子（参见第 150 页）的结构，它已经成为研究原子层面结构的"必备技术"。然而，它还不能算是完美，一个"天生的问题"依旧需要解决。培养完美的晶体依旧是一件让人挠头的事情，因此一些科学家一直致力于研究使用不太完美的晶体。而在1998 年，在霍奇金开始研究胰岛素的六十多年后，美国国家航天航空局的科学家通过在太空中培养胰岛素晶体得到了它更清晰的图像——在国际空间站的微重力环境下可以培养出更为完美的晶体。

> **"如果青霉素的结构果真如此，我将放弃化学回家去种蘑菇。"**
> —— 化学家约翰·康福思如此评论霍奇金解出的（正确）结构

揭示单个分子的结构

23 电解

在19世纪初电池发明之后，化学家便开始使用电做实验。他们很快就发明了一种称为电解的新技术，并利用这项技术将物质"打碎"从而发现新元素。电解还可以用于制备一些化学物质，比如氯气。

1875 年，一位美国医生发明了一种疗法，可以通过破坏毛发细胞为病人消除倒睫的病痛，他称这种疗法为"电解"。时至今日，这一疗法还在被用于去除多余的身体毛发。但这种脱毛方法与同一年发现银白色金属镓时所使用的电解几乎没有任何关系，除了像它们的名字所暗示的，它们都要用到电。

事实上，在 1875 年，第二种电解已经出现了半个多世纪，并已经为 19 世纪的化学带来了一场革命。因此，我们不应当将这种实验化学技术与一种永久脱毛术相混淆。事实上，电解技术对公共健康领域也有深刻影响，它是从盐水中提取氯气时所用的方法，而氯气则被用于消毒泳池以及饮用水。不过在那个时代，这一方法为公众所知都要归功于皇家研究院的一位著名科学家兼演讲者：汉弗莱·戴维（参见第 42 页）。他用这一方法从相应的化合物中分离出了一系列常见元素，包括钠、钙和镁。

大事年表

1800 年	1800 年	1892 年
亚历山德罗·伏打首次描述电池	尼科尔森和卡莱尔发明电解	通过盐水生产氯气使电解工业化

金银电镀

　　镀金或者镀银的目标是通过电解在廉价的金属表面镀上一层贵金属。其中需要电镀的金属物充当一个电极，置于"电解池"中。比如，在给勺子镀银时，可以通过导线将其连接到电池的负极，然后浸入氰化银水溶液中。勺子成为阴极，溶液中带正电的银离子被吸引并沉积到它的表面。为了维持银离子的供应，通常使用一片银片作为阳极。结果就像是银原子从一个电极被运送到另一个电极。使用同样的方法，可以为珠宝或者手机壳等物品镀金。电镀时，电极浸入的溶液称为电解液。

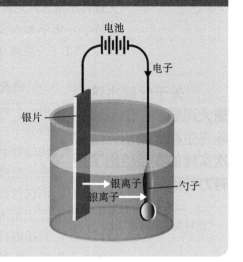

　　分解水　尽管戴维是当时最著名的电解化学家，但这项技术的发明者并不是他，而是没什么名气的威廉·尼科尔森和他的外科医生朋友安东尼·卡莱尔。1800 年，两人被电池鼻祖亚历山德罗·伏打所做的一些实验深深吸引，于是决定重复一下这些实验。在那个时代，伏打的"电池"只是连有导线的金属片和湿布。他们很惊奇地发现当电池的一根导线接触到一滴水时会有氢气泡冒出，于是他们将电池的两根导线分别连接到装有水的管子的两端，结果一端冒出了氧气，另一端则冒出了氢气。他们用电打断了水分子中的化学键，将它分解为它的成分。

1854 年	1908 年
约翰·斯诺证明水可以传播疾病	氯气首次被用于供水消毒

身为一位卓有成就的教师、作家以及翻译家，并创办有一份自己的大众科学杂志，尼科尔森毫无疑问不会把结果发表在他处。很快，《自然哲学、化学和人文科学期刊》（也被人亲切地称为"尼科尔森的期刊"）刊出了一篇揭开电化学新时代的文章。

> **"关于分解水这个重大课题……由尼科尔森先生和卡莱尔先生首次实施的实验给出了强有力的确认……"**
>
> ——约翰·博斯托克在"尼科尔森的期刊"上的评论

电化学 伏打电堆不断被改进，逐渐接近现代的电池。不久之后，科学家便能够通过电解做各种有趣的化学研究了。戴维分离出了钙、钾、镁以及其他几种元素，而他的对手瑞典化学家约恩斯·雅各布·贝采里乌斯则致力于在水溶液中分解各种盐。需要说明一点，在化学中，"盐"不仅仅指食盐，还包括所有由离子构成的化合物（离子所带正负电荷会相互抵消）。在食盐（氯化钠）中，钠离子带正电荷，氯离子带负电荷。钠离子还可以与铬酸根离子（CrO_4^{2-}）构成一种明黄色的盐。虽然它比食盐漂亮得多，但它是有毒的，不能食用。

这很自然地引出了我们对于电解原理的现代解释，因为这事关离子（参见第 17 页"离子"）。当一种盐溶于水之后，它会解离为构成它的阴阳离子。在进行电解时，阴阳离子会被带有异种电荷的电极所吸引。不妨以金银电镀为例（参见第 91 页"金银电镀"）。由于电子从负极进入电路，因而带正电的银离子会在负极接受电子并形成一层中性原子镀层；与此同时，阴离子会被正极所吸引，并发生相反的过程：失去多余的电子变成中性原子。

但某些盐，比如食盐，所含的钠离子虽然同银离子一样带有正电荷，但由于钠离子获得电子的能力太弱，甚至比氢离子还弱，因而被吸附到阴极上的是从水分子中电离出的少量氢离子，它在获得电子后便会形成氢气泡溢出。水在失去氢离子之后生成了氢氧根离子（OH^-），但它失去电子的能力弱于氯离子，因而从阳极溢出的是氯离子失去电子后生成的氯气。而溶液中便只剩氢氧根离子和钠离子，它们结合便生成了氢氧化钠。

卫生革命 上述过程构成了工业上通过电解生产氯气（氯碱工业）的基础。简单讲，只要在海水中通上电流便能收集到氯气。这一方法的副产物是氢氧化钠，俗称苛性钠，它可以与油脂反应制造肥皂。

电

亚历山德罗·伏打发明的"伏打电堆"是第一种可以稳定提供电力的装置。在此之前，只能通过手摇静电发生器产生电火花，然后用带有薄膜和电线的莱顿瓶捕获并储存。最初的莱顿瓶还装满水或甚至啤酒来储存电能，后来科学家才发现真正能够储存电的是薄膜而不是液体。

在19世纪电化学得到长足发展的同时，科学家也逐渐意识到饮用水的卫生问题。直到19世纪中叶，霍乱一直被认为是病人在呼吸到所谓的"瘴气"后感染的。但在1854年伦敦一次霍乱爆发期间，约翰·斯诺通过在地图上标记病例，证明了病人是在使用了索霍区一个水泵供应的脏水之后感染的。他也因此被视为最早的流行病学家之一。

不久之后，电解所生产的氯气开始被用作饮用水的消毒剂，以保护人们免受水中病菌的侵害。这一水处理方法最早用于美国新泽西州。氯气还可以用于制造漂白剂、药物和杀虫剂。现如今，电解盐水时产生的氢气也被收集起来，被用在燃料电池中以产生电力。

电流打破化合物

24 微细加工

一个现代家庭中可能会有几十乃至上百个电脑芯片，每一片都是一件不可思议的工程学杰作，同时也离不开化学的一些重要进展。其实，最早在单晶硅片上蚀刻图案的是一名化学家，如今的芯片虽然比50年前的要小得多，但其中有关硅的化学是一样的。

几乎没有哪项技术能像硅芯片那样对人类社会及文化产生如此深刻的影响。我们的生活正被计算机、智能手机以及无数依靠集成电路（芯片或者微芯片）运转的电器控制着。可以毫不夸张地说，电路和电子器件的微型化把计算机装进了每个人的口袋中，并重塑了我们对当今世界的认知。

历史不会忘记德州仪器公司的杰克·基尔比是集成电路的发明者，他后来获得了诺贝尔物理学奖。历史也不会忘记第一只三极管是在贝尔实验室被制造出来的。但引领硅芯片发展的一项关键的化学成就有时却被有意或无意地忽视了。而这项技术的发明者，贝尔实验室的化学家卡尔·弗罗施和他的技术员林肯·德里克也往往只是被顺带提及一下。

新人弗罗施　这也许是因为我们对弗罗施这个人知之甚少。他早期

大事年表

1948 年	1954 年	1957 年
贝尔实验室发明第一只三极管	弗罗施和德里克在硅晶片表面生成二氧化硅层	贝尔实验室使用光刻胶将图案转移到二氧化硅表面

的职业生涯和个人生活几乎没有留下什么文字记录，除了一张模糊的黑白照片出现在 1929 年 3 月 2 日出版的纽约州斯克内克塔迪的《日报》上，紧挨着"特级莫西干精选豌豆"的广告。照片的配文指出，他当选了美国西格马克西学会会员，这是一名理科学生所能获得的"最高荣誉"。但在那之后，他沉寂了十多年。

直到 1943 年，弗罗施才再次出现在人们的视线中，当时他正在贝尔实验室下属的默里山化学实验室工作。他的一位同事艾伦·博特鲁姆（Allen Bortum）回忆起他是一位谦虚的人，但他肯定也不乏进取

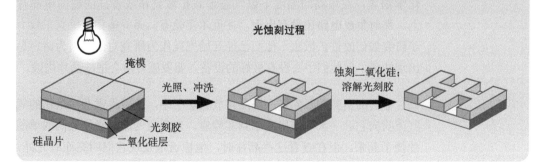

制造芯片

弗罗施最早蚀刻到硅晶片上的简单图案中有一个是"THE END"。简单来说，制造集成电路或计算机芯片的过程有点像印刷加上冲洗照片。事实上，将设计图案转移到硅晶片上的过程，可以看作是印刷电路板中所使用的印刷技术的改进版。现如今，芯片生产厂商已经能够蚀刻非常复杂的图样，还可以在同一片硅晶片上使用多层的掩模。

光蚀刻过程

掩模

光照、冲洗

蚀刻二氧化硅；
溶解光刻胶

硅晶片
光刻胶
二氧化硅层

1958 年
德州仪器公司的杰克·基尔比发明
集成电路

1965 年
摩尔定律首次在《电子学》杂志上发表

2005 年
计算机芯片中电子元件的数量达到十亿

掺杂

硅的最外电子层含有四个电子。在硅晶体中，每个硅原子与另外四个硅原子共享这四个电子，形成四个共享电子对。磷的最外电子层有五个电子，因此当它作为掺杂剂时，它会提供一个带有负电荷并能够在硅晶体中到处游荡的"自由"电子，这种掺杂方式生成了所谓的 n 型硅，电荷的携带者是电子（带有负电）。另外一种掺杂方式称为 p 型掺杂，其中 p 代表正电荷，电荷由"空穴"携带。这个名字听起来有些奇怪，但不妨考虑一下硼，作为一种 p 型掺杂剂，它比硅少一个最外层电子。这意味着在硅的晶体结构中会出现一个本该有电子占据的电子空洞。带有正电荷的空穴能够通过接受电子而移动。

精神，因为他的照片曾出现在 6 月份的《贝尔实验室记录》上，照片上他因在过去一年的职工保龄球俱乐部联赛中得分最高而获颁一座奖杯。五年之后，贝尔实验室发布了第一只三极管，它由锗制成。这种微型电子开关的微缩版，后来数以万计乃至亿计地装入现代电脑芯片中，而到时它们将由硅制成。正是弗罗施和德里克（曾是一名战斗机飞行员）所做出的发明让这一切成为可能，也让硅谷得名。

灵机一动　20 世纪 50 年代，三极管是通过扩散法生产的。掺杂物，也就是能够改变一种物质导电特性的化学物质，在很高的温度下以气态形式扩散到锗或者硅的超薄单晶片上。那时集成电路还没有出现。在贝尔实验室，弗罗施和德里克正致力于研究如何改进扩散法。他们已经开始把硅作为研究对象，因为锗容易出现缺陷，但他们手头没有最好的设备，弗罗施常常会把硅晶片烧毁。

他们的实验需要先将一块晶片放到炉子中，然后将含有掺杂物的氢气流吹向它。一天，德里克来到实验室，发现氢气流已经使他们的单晶片烧了起来。但在查看这些晶片时，他惊讶地发现它们明亮而有光泽，原来是氧气渗漏了进来，使氢气燃烧生成了水蒸气，后者与硅反应生成了一层薄薄的玻璃状二氧化硅。这层二氧化硅成为了光刻蚀法的核心，而这一方法现在依然被用于制造硅芯片。

冲洗再冲洗　在光刻蚀法中，集成电路的图案要被蚀刻进二氧化硅层中。首先要在二氧化硅层上覆盖一层光刻胶，也就是一层光敏层；再在其上覆盖刻有芯片图案的掩模，通常一张掩模上会有多个重复的图案，以便一次可以制造多个芯片。掩模上暴露部分的光刻胶会与光反应并被洗去，留下转移后的图案。之后就可以将这些图案蚀刻进下面一层闪亮的二氧化硅层。

> **" 硅当然是最关键的成分，其次便是它那奇特的天然氧化物，如果没有它，就不会有如今繁荣的半导体产业。"**
>
> —— 小尼克·霍洛尼亚克，
> 发光二极管发明者

弗罗施和德里克意识到，二氧化硅层可以保护硅晶片在高温扩散过程中不会被损坏，同时定位需要进行掺杂的区域。硼或者磷掺杂剂（参见对页"掺杂"）无法透过二氧化硅层，却能通过蚀刻窗口进入单晶硅层，这使得将掺杂剂扩散进特定位置成为可能。1957 年，弗罗施和德里克在《电化学学会会志》上发表了一篇论文，详细阐述了他们的发现，并提到这一发现可用于绘制"精细的表面图案"。

半导体生产厂商很快致力于实现这一想法，并试图在一块硅晶片上制造多个三极管。仅仅一年之后，基尔比发明了集成电路，将一个电路的所有元件包含到同一片半导体材料中。不过，这个"芯片"实际上是由锗制成的，但由于二氧化锗无法充当保护层的角色，硅最终取而代之。现如今，非常复杂的图案都是利用计算机设计并通过氧化掩模法转移到硅晶片上去的。1965 年，英特尔公司的联合创始人戈登·摩尔预测计算机芯片中的元件数目大约每年会翻一番，后来他将之改成每两年翻一番。多亏了光蚀刻技术的进展，我们才能不断进步。到 2005 年，芯片中元件数目已经达到十亿。

智能手机中的硅化学

25 自组装

分子实在是太小了，根本无法用普通显微镜观察，因此科学家用普通工具操控它们的能力非常有限。他们所能做的是重新设计这些分子，让它们自我组织。所形成的自组装结构可以用来制造原本只出现在科幻小说中的微型器件和机器。

如果你不得不自己制作一把勺子，你该如何着手？你的第一反应是什么？是不是要先找到一块金属或者一根木料，然后通过敲打或者雕刻将它弄成正确的形状？这也许是最容易想到的方法，但不会是唯一的方法。还有一种办法，初看起来可能会显得麻烦得多，那就是收集许多金属屑或者小木屑，然后将它们粘在一起做出勺子的形状。

第一种方法在化学中被称为"自上而下"策略：先找到一大块原料，然后按照需要的形状和大小切掉不需要的部分。第二种方法则与之相反，被称为"自下而上"策略：不是切削大块原料，而是从小部件开始做起。没错，第二种方法听起来像是要做大量繁重的工作，但想像一下，如果这些小部件不需要别人动手去粘，自己就会按照要求粘在一起，是不是就变得非常容易了？

大事年表

1955 年	1983 年	1991 年
烟草花叶病毒在试管中自组装	硫醇分子在金表面形成第一种自组装单分子层	纳德里安·西曼的研究小组用 DNA 自组装了一个正方体

像魔法一样 类似的事情就发生在分子自组装体系中，只是尺度较小而已。在自然界中，不存在"自上而下"策略。无论是木头、骨骼还是蜘蛛丝，都是一个个分子组装起来的，而且是自发的。比如在细胞膜形成过程中，构成细胞膜的脂类分子会组织自己形成一层包裹着细胞的外壳。

要是我们能够像大自然那样设计出按照"自下而上"策略、通过自组装制造物品的方法，那简直就和魔法一样。回想一下电影《哈利·波特》中的那些镜头，念个咒语，魔棒一挥，所有东西就像是长了翅膀一样飞进正确的位置。我们将能用一个个分子制造计算机部件，芯片小到让智能手机可以媲美美国国家航天航空局的计算能力。我们还将能制造出可以进入体内的医疗机器人，清洗我们的血管、诊断癌症或者将药物输送到感染处。

这些听起来好像遥不可及，但其中一些正在发生。能够自动相互结合的自组装体系正在世界各地的实验室中不断被设计、制造出来。它们的自组装过程要么通过（由传统的自上而下技术制成的）模板或者图样的指引，要么就是通过编码将它们将要形成的结构植入每个粒子之中。这些自组装分子可以用来制造由特殊材料构成的超薄层或者超小器件。

自组装单分子层

自组装单分子层是在一个表面形成的只有一个分子厚的有序排列的分子层。20世纪80年代，这个效应首次被用于在表面组装硅烷分子以及硫醇分子。硫醇分子中硫原子对金具有强烈的吸附作用，因而它能够粘在金的表面上。通过修饰分子的其他部分，可以制造出具有多种化学特性的薄膜。比如，可以用这种方法制备抗体或者DNA的薄膜用于医疗诊断。

2006 年
保罗·罗特蒙德首次报告如同折纸的 DNA 折叠过程

2013 年
英国科学家利用自组装单分子层开发出一种名为 MRSA 测试用于探测细菌的 DNA

液晶中的自组装

大多数现代电视机屏幕中的分子都处在液晶态（参见第 22 页），其中的分子既存在一定程度的规律排列又具有类似液体的流动性。这些分子在自然状态下以一种方式排列，但外加电场能够改变它们的排列方式，从而控制显示屏上的图像。科学家已经筛选出很多表现为液晶态并能自组装的天然材料。比如，某些昆虫或者甲壳纲动物的坚硬表皮就被认为是由液晶材料通过自组装形成的。操控这些物质用新的方式排列可能会创造出新的材料。2012 年，加拿大科学家完成了一项研究，他们使用从云杉木中提取的纤维素晶体制造了一种彩虹膜，它能够在不同的光照条件下加密安全信息。另外一项研究则使用液晶纤维素造出一台由湿度控制的微型蒸汽机。湿气会改变一条纤维素薄膜中晶体的排列，从而产生张力，驱动轮子旋转。

湿气驱动的纤维素马达

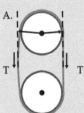
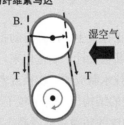

湿空气

薄膜张力在轮子上产生的扭矩相同

湿气导致薄膜收缩，在轮子上产生扭矩，使得它顺时针旋转

另外，这些方案通常都进入了纳米技术领域（参见第 178 页）。纳米技术学家所制造的材料或者结构尺寸都非常小，在纳米，也就是一毫米的一百万分之一的范畴，因此通过一个个分子组装要比大块头的原料和工具来制造更加合理。

像折纸一样 很显然，没有人会用这一方法制造一把普通勺子，但如果要制造一把纳米尺寸的勺子，这无疑是最好的方法。2010 年，美国哈佛大学的科学家用自组装分子做出了一件更好的工具，化学家威廉·施（William Shih）称之为"微型瑞士军刀"。他们借鉴大自然的手法，将一条 DNA 链（参见第 138 页）折叠出三维结构后制造出了它。尽管他们称之为瑞士军刀，但这些结构看起来更像是微型帐篷支架，而且还带有提供惊人的强度和刚性的"支柱和铆钉"。科学家通过设计 DNA 的编码，使这些分子只能按照特定方式进行折叠，从而形成他们所希望的结构。

这并不是第一个使用 DNA 构筑纳米尺寸工程的例子，施的小组便曾经利用这种通常被称为"DNA折纸"的艺术构筑过其他结构。尽管这种微型帐篷支架并没有什么实际用处，但"折纸"这一比喻暗示了这项工作蕴含的可能性。就像一张纸可以被折成美丽的鸟儿，也能被折成吓人的蝎子，DNA能够呈现任何形状或者结构，只要设计者有能力将设计蓝图编码到DNA序列中去。

> **差别就在于，在一个一个分子地构筑纳米结构时，是使用'纳米筷子'之类的工具，还是让分子做它们最擅长的事情：自组装。**
>
> —— 约翰·佩莱斯科，数学家

施及其团队成员都是"生物工程师"，他们工作时使用的是生物材料，努力解决的也是生物问题。因此，他们计划充分利用这些材料在生物相容性上的优势，开发可用于人体中的线框结构。这种结构的强度和韧性对于再生医学来说可能非常有用，使得医生可以利用实验室中制备的组织支架修复或者替换受伤的组织和器官。另一方面，具有电子学背景的科学家也在使用其他材料开发自组装体系，用来制造微型传感器和低成本电子器件。

科学中的艺术　作为一种方法，自组装就像是魔法，但需要一位非常有经验的科学家才能让它起效。严格来说，自组装并不是一种方法，而只是所有艰苦工作完成后，一些必然会发生的事情。真正的艺术在于设计能够自组装的分子、材料和器件。科学家并不仅仅在制造勺子——他们在设计能够自己组装成勺子的材料。

自我组织的分子

26 芯片实验室

芯片实验室技术有能力改变医学的工作方式：它可以提供现场测试，涵盖从食物中毒到埃博拉病毒的所有测试对象，而且不需要任何专业知识进行操作。目前，已经可以做到在一片小到能够放进口袋的芯片上同时进行上百项实验。

当我们因为不明腹泻去医院就诊时，最不愿听到但又最可能听到的一句话恐怕就是："去化验一下大便吧。"没错，在我们一生中，总会有那么几次需要用塑料小碗收集自己的排泄物，然后在众目睽睽之下尴尬地送到化验室。幸好一旦送进化验室，它就可以永远从我们眼前消失了。而在不久的未来，我们不再需要将它送到化验室，医生就可以对它进行化验，而且 15 分钟内就可以得到结果。

2006 年，美国国家卫生研究院资助的一个项目的参研人员宣布，他们正在开发一种"一次性肠病检测卡"：只用一张微晶片，通过对粪便样品进行一系列平行测试，就能识别出像大肠杆菌和沙门氏菌之类的致病菌。这套设备的原理是，用抗体检测微生物表面的分子，然后提取并分析它的 DNA。

这听上去简直太聪明了，虽然稍微有点反胃。但肠病检测卡并非个例，所谓的"看护现场化验"可能会成为下一颗投向医疗卫生界的

大事年表

1992 年	1995 年	1996 年
微芯片技术用于制造可在玻璃毛细管中分离分子的微型设备	第一次使用微型设备进行 DNA 测序	在芯片上检测到沙门氏菌的 DNA

"重磅炸弹"，而其中很多都依赖于"芯片实验室"技术。目前，用于诊断心肌梗塞以及针对艾滋病毒感染者的 T 细胞计数装置都已问世。廉价的诊断芯片有朝一日必定会在监控传染病传播方面扮演举足轻重的角色。使用这些芯片卡的最大优势是，使用者无需任何专业知识。

刑侦工作

化学物质的芯片化快速分析也可以用于揭示犯罪行为，比如检测违禁药物或分析食品掺假案件中的掺假成分。一套芯片实验室装置能够同时检测多种不同的非法毒品或体育中的违禁药物，并在数分钟内给出结果。

它是可置于掌中的自动实验室，医生所要做的只是将少量样品置于芯片上，然后将芯片插入读卡机。

微晶片遇上 DNA   当科学家开始意识到他们能够利用传统的微晶片制造技术（参见第 94 页）将标准的实验室实验微型化时，芯片实验室的概念出现了。1992 年，瑞士科学家宣布他们可以将毛细管电泳（参见第 79 页）这种常用的分离技术移植到一个芯片器件上运行。到 1994 年，加州大学伯克利分校的化学家亚当·伍利的研究小组已经能够利用一片玻璃芯片上的微小通道分离 DNA，不久之后他们又用芯片完成了 DNA 测序。现如今，利用玻璃或聚合物芯片进行 DNA 测序有可能已经成为芯片实验室技术最重要的应用，它一次可以对数百个样品进行测序，并在数分钟内给出结果。

在芯片上进行 DNA 测序绝对是一项伟大的成就。它通常要用到一种在分子生物学中已被使用很多年的技术：聚合酶链反应（PCR）。这一反应有赖于重复加热与冷却 DNA。为了在芯片上做到这一点，通道

1997 年	2012 年	2014 年
在微芯片上进行 DNA 测序平行实验	预计智能手机实验室技术将被用于医疗监测	人联网概念提出

人联网

"物联网"一词很多人已经耳熟能详。这一概念是基于这样一个理念：我们生活在一个智能设备越来越多的世界中，这些设备可以通过同一个网络连接起来。像是智能手机、冰箱、电视乃至装有微芯片的狗都可以通过芯片整合到一个网络之中。现如今，总部位于英国纽卡斯尔的 QuantuMDx 公司正在计划开发"人联网"（Internet of Life），整合世界各地的芯片实验室所获得的数据。他们建议在这些芯片设备获取的 DNA 序列数据中添加位置信息，也就是说，能够将其定位到某个地理位置。这可以让流行病学家以前所未有的详细程度实时追踪疾病。他们可以监视霍乱、追踪流感病毒的演化、帮助预测埃博拉病毒的爆发、确认新型耐药结核菌菌株，并有希望利用这些信息阻止疾病的传播。

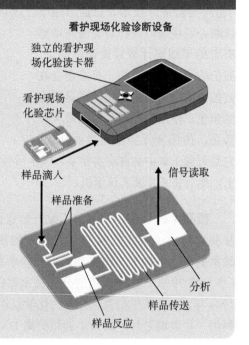

看护现场化验诊断设备

独立的看护现场化验读卡器

看护现场化验芯片

样品滴入

样品准备

信号读取

样品反应

样品传送

分析

中的样品必须被加热，或者在外力作用下通过温度不同的反应室，每次通过的量都不超过一微升。芯片实验室技术的一个主要领域被称为微流体学。由于所使用的液体体积都非常少，大多数诊断芯片器件都以微流体学为基础。

这些以芯片为基础的技术还有很多其他用处。在化学家看来，芯片上的这些通道和反应室提供了一种让化学反应和化学分析既可控又可重复的方法，而且使用的样品量可以少到人手难以操控的地步。生物学家则可以让每个反应室捕获一个细胞，同时测试不同的化学物质或生物信号分子对它的作用。而药物研发者可以用它们将微量的不同种药物混合以便测试它们的复合效果。在所有这些应用中，使用的样品量都非常少，从而可以将成本和废弃物的量降至最低。

芯片还可用于药物的配方和输送。比如，制成微胶囊或纳米胶囊，或通过精准和缓释用药以减少剂量，降低剂量突然增大所引起的副作用。有些专家还设想了病人可随身携带的药物输送芯片，它们甚至可以通过微型针头附着在目标组织，比如肿瘤上。

网络化的疾病数据　不过，诊断和个人健康监测才是让芯片实验室技术研发者最感振奋的领域。芯片实验室最常检测的分子是蛋白质、DNA 等核酸类分子以及与新陈代谢有关的分子。它对糖尿病患者的意义非常明显，因为他们需要随时监测自己的血糖水平（参见第 136 页"血糖监测"）。还有一类称为"生物标志"的蛋白质也是理想的监测对象，因为它们能够指示身体的某些异常情况，比如脑损伤或孕妇是否即将临盆等。诊断芯片最常使用的是抗体，因为它们对特定的分子（既包括人体自身产生的，也包括外来的）有很好的识别作用。

> **"如今有很多技术根本不需要传统医生的介入……我们说的是芯片实验室技术、智能手机实验室技术……"**
>
> —— 埃里克·托波尔，斯克里普斯转化科学研究所主任

芯片诊断对于那些缺医少药的地区来说更为重要。一家英国公司计划将它所属的诊断器件所获得的结果反馈至一个网上数据库，通过建立一个"人联网"（参见对页"人联网"）来监控像埃博拉之类致命疾病的爆发。因此也许用不了几年，医生就可以当着我们的面分析我们的粪便样品了，芯片实验室器件也会革新我们对付疾病的方式。而我们将要看到的，计算机在化学中还有其他很多应用。

小型化的化学实验

27 计算化学

作为一位内心热爱观鸟和生物学的人，马丁·卡普拉斯似乎不像能成为"计算化学之父"的人。然而，他相信理论化学能够为深入理解生命提供基础，而事实证明确实如此——只不过他必须先得征服那台五吨重的计算机。

计算化学之父马丁·卡普拉斯是一名奥地利裔犹太人。1938 年，当奥地利被并入纳粹德国时，他们举家逃离奥地利来到美国。在美国读书时，卡普拉斯是一名聪明的学生。课外，他对自然的热爱和对科学的兴趣与日俱增。他是一位年轻的"观鸟者"，为奥杜邦学会的候鸟迁徙年度调查做过观察记录。14 岁那年，他差点被当成为潜艇打信号的德国间谍而被捕，原因是他在风暴中带着一架双筒望远镜外出寻找海鸟。

在进入大学之前，卡普拉斯曾受邀到阿拉斯加参加了一些研究鸟类导航能力的工作，并由此确定要投身科研事业。但在进入大学之后，他却没有选择生物专业，而是选择了哈佛大学的化学和物理课程，因为他相信这些课程对深入理解生物学和生命至关重要。在加州理工学院读博士期间，他一开始做的是有关蛋白质的课题，但他的导师突然离职，随后接管他的是莱纳斯·鲍林，后者不久后就因在化学键方面的工作而获

大事年表

1959 年	1971 年
原始的卡普拉斯方程发表	卡普拉斯的团队发表有关视觉生成的理论

药物研究中的计算机

为了研究一种新设计的药物是否具有设想的药效，必须对其进行测试。但当有成百上千种不同的新药需要测试，却没有足够的人力和财力时，就几乎不可能用真正的细胞、动物或人对全部药物进行测试了。这时计算化学就有了用武之地。利用分子模拟，它有可能计算出药物分子与体内目标分子如何相互作用，从而找出对付某种疾病效果最佳的候选药。这种理论计算可以称为"硅上实验"或"计算机实验"。当然，那些未能通过筛选的药物未必无效，这也就是为什么现在大力推崇计算化学和实验化学的结合。

一个蛋白质分子的计算机模拟和晶体结构对照图

得诺贝尔化学奖。于是卡普拉斯又开始研究氢键（参见第 18 页）。而他的毕业论文只用三周就完成了，因为鲍林突然宣布要休假进行一次长时间的旅行。

在牛津大学一个理论化学研究小组短暂工作一段时后，卡普拉斯在伊利诺伊大学找到一个职位并在那工作了五年。在这期间，他主要从事核磁共振（参见第 82 页）方面的工作，利用这项技术研究乙醇（CH_3CH_2OH）分子中氢原子间的键角。但他很快就发现如果用台式计算器来完成所有的计算，工作将会非常繁重，所以他写了一个计算机程序来帮助自己完成这项工作。

1977 年
首次获得一个生物大分子，牛胰蛋白酶抑制剂（BPTI）的分子动态模拟

2013 年
马丁·卡普拉斯、迈克尔·莱维特和阿里耶·瓦谢勒因计算化学方面的工作被授予诺贝尔奖

> **"理论化学家喜欢使用'预测'一词笼统地称呼所有与实验相符的计算，即使理论计算发生在实验之后。"**
>
> —— 马丁·卡普拉斯

五吨重的计算机 那是在 1958 年。当时伊利诺伊大学很自豪地拥有一台五吨重的数字计算机：ILLIAC。它总共拥有 64KB 的内存，虽然不足以贮存一张现在智能手机拍摄的数码照片，但足够运行当时卡普拉斯的程序，只是他需要使用打孔卡片输入程序。在计算完成后不久，他与伊利诺伊大学的一位有机化学家进行了一次研讨，后者好像已经通过实验验证了他的计算结果。

在确信他的计算能够帮助确定化学结构之后，卡普拉斯发表了一篇论文，提出了一个公式，它后来被称为"卡普拉斯公式"。这个公式可用于解析核磁结果，确定有机分子的结构。直到现在，这个方程在经过修订和完善之后仍被用于核磁共振谱图中。卡普拉斯在那次研讨中讨论的是糖，但他的公式也可被用于包括蛋白质在内的其他有机分子，甚至可被用于无机分子。

1960 年，卡普拉斯跳槽到 IBM 资助的沃森科学实验室，这里拥有一台比 ILLIAC 速度更快、内存更大的 IBM 计算机。然而，他很快发现自己不适合工业界，便又回到了学术界。但这段经历让他拥有了一项对他的研究极有帮助的资源：使用 IBM 650 计算机的权限。他开始继续研究那些在伊利诺伊时就让他着迷的课题，只是这次他有了解决问题的利器，能够利用 IBM 计算机帮助他在分子层面探索化学反应。

重归自然 最终，卡普拉斯回到哈佛并回归他最爱的专业：生物学。在哈佛，他将自己在理论化学中获得的丰富经验应用到了动物学中。卡普拉斯和他的团队提出，视黄醇（维生素 A 的一种形式，用于感光）中的一个碳碳键在感光后发生了扭曲，而这正是视觉产生的关键。他们的理论计算结果预测了扭曲发生之后的结构。同年，实验结果证明他们是正确的。

计算化学得出的理论结果经常与实验证据相互促进。理论支撑实验，而实验印证理论。两者的结合要比任何单独的一个都更具说明

结合生物学、化学，以及物理学

为了解释生物学，马丁·卡普拉斯不但得学习化学，还不得不将物理学和化学结合。卡普拉斯和同事在 2013 年获得诺贝尔化学奖的原因便是：利用经典和量子物理学，发展出强大的模型，使得化学家可以对大分子（比如生物大分子）进行建模。

力。在马克斯·佩鲁茨获得血红素（血液中的输氧分子）的晶体结构之后，卡普拉斯提出了一个理论模型试图解释两者如何结合。

动态场　卡普拉斯接下来开始研究蛋白质链如何折叠形成具有功能的蛋白质分子。为此，他和他的研究生布鲁斯·格林一起开发了一个程序，结合氨基酸序列与 X 射线晶体衍射（参见第 86 页）数据计算蛋白质的结构。由此得到的 CHARMM 模型和程序在分子动子学中依旧非常重要。

现如今，模型和模拟之于化学的重要性就如同它们之于经济学。化学家正在开发计算机模型，用于模拟化学反应以及在原子层面模拟诸如蛋白质折叠等化学过程。这些模型还可被用于研究一些在现实中几乎无法捕捉的化学过程，因为这些过程几乎在瞬间就会完成。

用计算机为分子建模

28 碳

碳元素一方面被看作是破坏环境的罪魁祸首，另一方面却又是地球生命的基础——所有生物都是由含碳的分子构成的。那这个小小的原子如何悄悄地走遍地球的每个角落呢？两种完全由碳构成的物质又为何看起来截然不同？

如果说有哪种元素的"出镜率"比其他任何元素都高，那非"碳"莫属，但有关它的新闻大多是负面的。没错，碳的确会聚集在大气中，让地球气候变得异常；对限制碳排放的持续关注也确实表明我们认为有必要对碳进行严格控制。但不要忘记碳原子只是一个"小球"，核心由质子和中子构成，外面包裹着由六个电子形成的电子云，而碳元素也不过是一种在周期表中位于硅之上的普通元素。那么除了在环境方面留有恶名外，碳还有什么不凡之处而得以受到特别关注呢？

有一点有时会被忽略，那就是碳是所有地球生命的基础，无论是会爬的、会游的还是会飞的。碳是所有生物分子的化学骨架——从 DNA 到蛋白质，从脂肪到在大脑神经元突触间迁移的神经递质都离不开碳。如果将人体内的各种元素分类称重，碳元素所占的比例超过六分之一，只有氧元素的含量超过它，而这也只是因为人体中大部分是水。

大事年表

1754 年	1789 年	1895 年	1985 年
约瑟夫·布莱克发现二氧化碳	安托万·拉瓦锡为碳元素命名	斯凡特·阿伦尼乌斯在一篇论文中讨论大气中碳的影响	在实验室中合成出富勒烯

有机与无机　含碳化合物如此多样是因为碳很喜欢与同类以及其他原子成键，形成链状、环状和其他精妙的结构。大自然本身就能够制造出数百万种结构迥异而复杂的含碳化合物，其中很多有可能在我们发现它们之前就伴随着生产它们的动植物或昆虫的灭绝而消失了。而人类的智慧，使得新的含碳化合物被合成出的可能性几乎是无限的。

这些含碳化合物都属于有机化学的研究范畴。"有机"一词很有迷惑性，让人觉得它研究的化学物质应该都是天然的。事实上，一开始这门学科确实是这样定义的。但现如今，塑料和蛋白质都被看作是有机化合物，因为它们都含有由碳原子构成的骨架。除了个别几个著名的化合物外，几乎所有含碳化合物都是有机化合物，无论它们来自甜菜头、细菌还是化学实验室。

一般而言，任何不是有机的物质就是无机的。和有机化学一样，无机化学也有其分支，但化学首先区分有机与无机，正体现了碳的重要性。不过并非所有含碳化合物都属于有机物，弥漫在大气中的二氧化碳便是最著名的一个例子。尽管它含有碳，但它没有所谓的"官能团"。大多数有机化合物可以根据其碳链上所带原子基团进一步划分。但二氧化碳只有一对氧原子，因此它一般被认为是无机化合物。

金属有机化合物是另外一大类"例外"的含碳化合物，它们含有一些与含碳分子中的碳原子或其他原子相连的金属。金属有机化合物有时被认为介于有机与无机之间，但更多的时候被划归无机化学的范畴。这

2009 年
世界各国领导人齐聚哥本哈根世界气候大会，讨论人类活动对气候的影响

2010 年
由石墨制备石墨烯的方法被授予诺贝尔物理学奖

金刚石和石墨

在金刚石中，每个碳原子与另外四个碳原子成键，而在石墨中，每个碳原子只与另外三个碳原子成键。另外，金刚石中的化学键伸向不同的方向，而在石墨中，它们形成了一个平面。这意味着金刚石的结构是刚性的三维网状结构，而石墨形成了松散地叠在一起的层状结构。铅笔芯的层与层之间只存在较弱的范德华力，很容易被破坏，只需在纸上稍一用力就可以让它的最外层剥落。正是在分子层面上的结构差异，使得金刚石非常坚硬而石墨相对非常柔软。

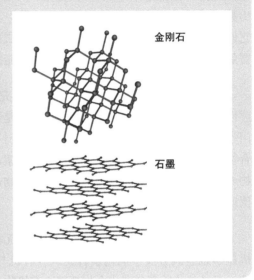

金刚石

石墨

类物质绝不是无名之辈，也不是只在实验室中才能合成。血液中输送氧气的血红蛋白分子就包含一个铁离子，维生素 B_{12} 则含有一个钴离子（参见第 46 页）。与维生素 B_{12} 类似，金属有机化合物往往都是好的催化剂。

碳的单质　碳的单质，比如晶莹剔透的金刚石也不被认作有机物（最好不要质疑化学家的分类原则）。除了金刚石，碳还有好几种值得了解的有趣单质，比如碳纤维、碳纳米管、富勒烯、石墨，以及石墨烯。特别值得一提的是具有六边形结构、单原子厚的石墨烯，化学家期待它能够成为下一代电子元件的主角（参见第 182 页）。

世界真是奇妙，金刚石和石墨（参见对页"金刚石和石墨"）这两种外表迥然不同的物质竟都由碳原子构成，而只是原子的连接方式不同。但正是这种不同的连接方式，也就是不同的原子结构，让它们表现出了完全不同的外观和性质。石墨烯和石墨在结构上的差异就没有这么大了，甚至可以用胶带从石墨上剥下只有一层原子厚的薄层来获得石墨烯。

脱缰的碳 这些有趣而有用的化学并没有让碳摆脱尴尬，或者说没能让我们摆脱尴尬。我们使用的化石燃料（比如石油和煤炭）属于碳氢化合物，它们燃烧后会生成二氧化碳。这相当于将已经固定在地下数百万年的碳释放到大气中。大气中的二氧化碳会阻止红外辐射散失到太空中，产生"温室效应"，导致全球变暖。不管碳在我们身体里、铅笔里以及未来的电子元件中扮演了什么角色，我们每年将数十亿吨这种物质释放进大气都是一个巨大的问题。

> **随着工业的发展，大气中微量的碳会在几个世纪内变得非常可观。**
>
> —— 斯凡特·阿伦尼乌斯，1904 年

一种元素，多种面相

29 水

如果说碳的化合物构成了生命，那么水则是生命的源泉。清澈透明的水似乎一眼就能看穿，但这当中其实隐藏着许多秘密：尽管对它结构的研究已经进行了几十年，但科学家依旧无法构建一个模型能让我们确切知道水在所有状态下的表现以及这样表现的原因。

H_2O 大概是唯一一个大多数人可以随口说出的化学式。因此，如果要选一种最容易看透的化学物质，好像应该非它莫属。然而事实证明，要理解水分子其实并不容易。这种充盈着江河湖海乃至一打开水龙头就会流出的物质，其实是一种相当复杂的化学物质。虽然，我们经常会有意无意地忘记这一点。

"科学中最大的谜团莫过于理解为什么在经过几个世纪的不懈研究和无尽争论之后，我们依然不能精确描述和预测水的性质。"

—— 理查德·塞卡利

比如，如果你认为水只存在三种相态（液态水、气态水蒸气以及固态冰），那你就大错特错了。有些模型认为存在着两种不同的液态水（参见第 22 页）以及多达 20 种不同的固态冰。水有很多"小秘密"，但我们不妨先从我们知道的事情说起。

大事年表

公元前 6 世纪	1781 年	1884 年
古希腊哲学家米利都的泰勒斯称水为万物之源	亨利·卡文迪许揭示水的成分	水分子"团簇"的概念首次提出

为什么水是生命之源? 水处处可见。美国化学家和水专家理查德•塞卡利喜欢这样提醒大家:水是宇宙中丰度排名第三的分子。水覆盖了地球四分之三的面积,而天文学家一次又一次地试图在火星上找到水(参见第 122 页),因为他们想在宇宙中的其他地方找到生命,而水,特别是液态水,对于生命真的非常重要。这是因为水有一些特别的物理、化学性质,使它特别适合生命的生息和繁衍,也适合驱动生命的化学反应进行。

首先,液态水是一种极好的溶剂,它几乎能够溶解所有物质,而这些被溶解的物质中有很多只有在溶解后才能发生反应。也正因为如此,我们细胞中的另外一些化学物质才可以发生反应,形成有效的新陈代谢过程。另外,这也让它可以在细胞内或者体内输送化学物质。

水对气候变化的影响

最近,俄罗斯科学院下诺夫哥罗德分院的物理学家向着解决一个困扰大气化学家多年的问题又推进了一步。水实际吸收辐射的能力要比根据其结构建立的理论模型推算的值高很多,这一差异可以由飘浮在大气中的水分子二聚体来解释,但问题是没有人能够证明它的存在。为了找到这种行踪诡秘的二聚体,米哈伊尔•特列季亚科夫和他的研究小组特意制造了一种新型的光谱仪来进行他们的实验。他们发现了一个迄今为止最为清晰的与水的二聚体有关的吸收"指纹",这一研究结果可以帮助我们更好地理解水对大气红外吸收光谱的贡献。

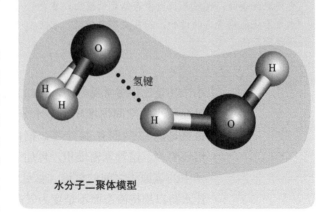

氢键

水分子二聚体模型

1975 年	2003 年	2013 年
皮埃尔•布特龙和理查德•阿尔本发表水分子环状结构模型	美国国家航空航天局的探测器在火星上发现大量水冰	发现地球大气中存在水分子二聚体的新证据

其次，与其他一些化学物质相比，它以液态形式存在的温度范围非常宽。很多人可能会觉得水在 0℃ 结冰，在 100℃ 沸腾是很平常的事，但如果想再找到一个化学物质能在这么宽的温度范围保持液态还真不容易。比如，液氨在 –78 ℃ 结冰，在 –33 ℃ 就会沸腾。与氨类似，在适宜地球生命存在的温度下，大多数天然物质甚至都不是液体。

无水生命

通常认为生命离不开水，但真的是这样吗？蛋白质，作为构成酶以及肌肉等人体组织的分子，一度被认为需要水来维持它们的结构、完成它们的功能。但在 2012 年，英国布里斯托尔大学的科学家发现肌红蛋白，也就是肌肉中存储氧的蛋白，在失水之后还能维持它的结构，而且更有趣的是，它变得特别耐热。

水的另外一个重要特性是液态水的密度要比冰大，这使得冰可以漂浮在水面上，而这一现象是水分子在结冰时的堆积方式造成的。想想吧，如果冰山都沉入水底，世界将会是多么一团糟。

我们还知道些什么　水分子的形状略带弯曲，就像澳大利亚土著人使用的回飞镖，而且它非常非常小，甚至比很多常见分子，比如二氧化碳和氧分子都要小，这意味着可以在很小的空间内堆积很多水分子。1 升水中包含 33×10^{24} 个水分子，也就是说 33 后面有 24 个零。据估计，这个数目比宇宙中恒星总数的三倍还要多。这种紧密堆积，再加上存在于一个分子中的氧原子与另一分子中的氢原子之间的氢键（参见第 18 页），使得水分子不易四下散开，让水得以维持液态而不是变为气态。

然而，这并不意味着液态水分子都被困在了同一个地方——恰恰相反，水是流动的，因为使水分子相互粘着在一起的氢键时时刻刻都在断裂又重新形成，所以水分子的团簇寿命都很短，往往是刚刚形成就消失了。与之相反，一个水分子发生蒸发的几率就"罕见"多了，每一平方纳米的水表面，每秒钟只发生一亿次。

>**"万物不生不灭，皆因根源永在……大贤泰勒斯曰，水乃万物之源。"**

——亚里士多德，《形而上学》

我们不知道的水的小秘密 对于水，我们了解了很多，但还有很多我们不了解。比如，那需要打破氢键从表面释放水分子的"罕见"的蒸发过程就没有完全搞清楚。显然"罕见"并不能成为一个借口。此外，尽管科学家用了一系列尖端技术研究水的结构，但那些转瞬即逝的水分子团簇并没有得到很好理解，甚至"团簇"概念本身都成问题。如果它们的寿命如此短暂，它们又怎能形成我们所谓的"结构"？

科学家提出了上百种不同的模型用于解释水的结构，但没有一个能解释水在所有不同形态以及各种不同条件下的表现。全世界的研究者，包括理查德·塞卡利在加州劳伦斯伯克利实验室的小组，已经努力了几十年试图解决这一极为复杂的问题。塞卡利的研究小组正在使用一些目前最为强大精巧的光谱技术，并借助量子力学模型来解释这种与生命息息相关的小分子的性质。

水，无法一眼看穿

30 生命起源

从查尔斯·达尔文到如今的化学家，地球生命的起源问题一直困扰着科学家和思想家。所有人都想弄清生命是如何开始的，但事实是，这是一个很难确切回答的问题。不过所有这些思考都指向一个目标：找到在实验室中创造人造生命所需的最低条件。

40亿年前，一些化学物质相互聚集形成了原始的细胞。对于这一过程发生的地点，目前还存在争论，它可能发生在大洋深处，或温暖的火山池塘，又或是冒着泡的泥塘；而如果你相信"胚种论"，它还可以是另外一个星球。地点至关重要，但到目前为止，对此还只是猜测。

现如今，所有生物都产生于其他生物：动物产卵生仔，植物结出种子，细菌分裂，酵母出芽。但第一种生命一定产生于无生命的物质，是普通的化学物质相互碰撞并以适当的方式结合的产物。与现代人体细胞乃至细菌细胞相比，第一个细胞一定非常简单，可能只是一包具备了基本新陈代谢功能的化学物质。但其中肯定包含一些具有自我复制功能的分子，以便能够将信息传递给后代的细胞，这可能构成了一个简单的基因密码，但它应该不会像DNA（参见第138页）那么复杂。

大事年表

1871年	1924年	1953年
达尔文设想生命起源于一个"温暖的小池塘"	奥巴林的《生命的起源》一书提出原始汤理论	斯坦利·米勒发表其生命起源实验

　　我们现在只能猜测启动地球生命的分子和条件，许多化学家热衷于这种"猜谜游戏"。弄清第一种生命不但可以让我们了解自己的起源，还能启发化学家如何在实验室中创造新的生命形式。

　　米勒汤　斯坦利·米勒是一名美国化学家，很多人即使想不起这个名字，对他的"汤"总会有点印象。20世纪50年代，米勒在他位于芝加哥大学的实验室中做了一个有关生命起源的著名实验。他将甲烷、氨、氢以及水混合装入一只烧瓶中，模拟早期地球无氧的大气。为了引起烧瓶中的化学物质发生反应，他用电火花提供能量，模拟早期大气中的闪电。这个实验有个通俗好记的名字：米勒的原始汤。从那以后，他的名字便与生命起源于一种"原始汤"这一观点联系在了一起。不过，这个想法并非他的原创，而是来自不那么知名的亚历山大·奥巴林在1924年出版的一本书：《生命的起源》。

　　几天后，米勒和他的博士导师哈罗德·尤里分析了原始汤的成分，发现其中出现了蛋白质的构筑单元：氨基酸。米勒的原始汤装置初步证明了，无机物质在温和的外部力量推动下能够相互反应生成有机分子。

　　然而现在来看，原始汤理论有点过时了。尽管米勒的实验被化学爱好者视为经典，但有些人怀疑他的原始汤的配方有误，还有一些人怀疑闪电是否能够提供必要的、持续的能量来源，推动生命从有机物质跨入细胞阶段。因此，许多关于这些化学物质起源的新理论出现了。

> **❝ 在这套装置中将尝试还原原始地球的大气。❞**
>
> —— 斯坦利·米勒，
> 《科学》，1953年

1986 年	2000 年	2011 年
"RNA 假说"认为自我复制的 RNA 启动了进化	发现"失落的城市"理论中提及的热泉烟囱	英国剑桥的一个研究小组造出一条包含 90 个字母（碱基）、能够自我复制的 RNA

复制问题

一个理论认为，细胞一定是在生命进化到某个时刻才将DNA作为遗传信息载体的，在那之前，它们使用的应该是更简单的替代物，比如RNA。RNA可以看作是单链的DNA，但由于不具备现代细胞所拥有的那一套专业化复制系统，它必定只能自我复制。而为了完成这一任务，它必须实际上充当起酶，让自己催化自己的复制。当然，如果能够找到可以自我复制的RNA，这个理论就没问题。但如果找不到，这个理论是否就完蛋了？确实有点危险。事实上，这个问题已经困扰这一理论很久了。科学家撒网式地搜索了无数条具有不同序列的RNA分子，试图找到包含自我复制功能的序列，但至今未能找到能够完美完成这项工作的序列。大多数"自我复制"序列都只能复制自己的一部分密码，而且复制精度很差。所以搜索还在继续……

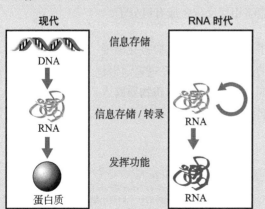

现代		RNA 时代
DNA	信息存储	
RNA	信息存储/转录	RNA
蛋白质	发挥功能	RNA

失落的城市 一个当代理论认为生命起源于大洋深处的"失落的城市"。听起来是不是很令人激动？2000年，在大西洋底便发现了一座"失落的城市"。发现者是加州斯克里普斯海洋研究所的唐娜·布莱克曼领导的一个研究小组。当时，他们正乘坐着"亚特兰蒂斯号"科考船，使用遥控摄像系统探索水下山脉。摄像机穿过了一片热泉区，30米高的烟囱状喷口正将温暖的碱性水喷入冰冷、黑暗的海洋。

尽管这种热泉系统在大洋中随处可见，而且其中一些早在数十年前就被发现了，但一些科学家认为这样的"失落的城市"为地球生命的萌发提供了完美的条件。在这里，热泉中的氢与海水中的二氧化碳相遇并发生反应，生成有机物质。不仅如此，被海床下炙热的石头加热后的热泉水还提供了源源不断的能量来源。

"失落的城市"理论另外一个具有说服力的论据是，热泉水与海水之间酸碱性的差异正好与细胞膜内外酸碱性的差异相吻合。这难道只是一个巧合？不过在大洋深处验证这个理论并不容易，但小型的"失落的城市型反应器"已经在实验室中建成。

回到实验室 然而，并不是所有化学家都是纯粹因为好奇才研究生命起源的，其中一些便是想弄清构成生命的基本成分，以便能在实验室中制造人造生命。这里所说的人造生命当然不是指人造奶牛或者克隆婴儿，而更多的是指利用简单的可用材料制造细胞膜。（在真实的细胞中，细胞膜是由脂肪分子构成的。）其中的难点在于引入某种自我复制系统，使得这些极简主义"细胞"能够繁殖。一些科学家声称已经非常接近获得这种能够自我复制的原型细胞（参见本页"原型细胞"）。

原型细胞

2013 年 11 月，诺贝尔奖获得者、生物学家杰克·绍斯塔克和他的研究团队制造出了一个由一层脂肪酸酯外壳包裹的极简细胞或所谓"原型细胞"。虽然结构比如今最简单的细菌还要简单，但它包含一条能（粗略地）自我复制的 RNA。复制过程由镁离子催化，还需要加入柠檬酸盐以防止镁离子破坏外壳。看来距离科学家制出能够完美进行自我复制的原型细胞可能只是时间问题。

但这些原型细胞有什么用呢？想像一下，如果能设计出具有自我复制功能的系统，那么只要不断地输送"养料"，它就能不断地复制自己。人们可以用它来做什么呢？显而易见的答案是药物和燃料。但为什么止步于此呢？它可以是任何一种你想有充足供应的物品，比如啤酒或草莓鞋带。科学家也在发挥想像力，一个设想是有生命的、可自我更新的涂料。

生命源自于无生命

31 天体化学

太空的"空"似乎表明那是个平静的地方，没有什么事情发生，但事实上，发生在那里的事情足够多，足以吸引那些对生命起源、更不要说对地外生命感兴趣的化学家。那么除了那些明显的目标，比如火星上的水，他们还在寻找什么？

地球的大气随处可见化学的踪影。大气中充满了不停相互碰撞和反应的分子。在海平面上，每立方厘米中含有大约 10^{19} 个，也就是 10 000 000 000 000 000 000 个分子。空旷的太空则完全相反，每立方厘米星际空间平均只含有一个粒子，没错，只有一个！这相当于在莫斯科那么大的城市里只住着一只小蜜蜂。

即使只考虑太空的荒凉程度，宇宙中两个粒子已经很难相遇并发生反应了，更何况还要考虑它们的能量。整体而言，地球的大气是相当温暖的，即使在冬日清晨的伦敦或者纽约丝毫感觉不到它的温暖。但在宇宙空间的一些地方，温度可低至 -260 ℃。在这个温度下，物质的运动极为缓慢，这意味着即使有分子相遇，它们也不具有发生反应所需的能量，只会轻轻地拥抱一下就分开。综上所述，在这样的条件下，几乎不会发生任何与化学有关的事情。这不免引出疑问，为什么化学家会对太

大事年表

138 亿年前	大爆炸后 40 万年	1937 年
宇宙大爆炸	第一批分子出现	发现第一批星际分子

空中发生的事情这么感兴趣?

热点 尽管那里看似缺乏化学的踪迹,还是有相当多的化学家对于研究太空中发生的事情感兴趣,并且他们这样做有许多很好的理由。太空中的化学能够告诉我们宇宙是如何开始的、构成生命的化学元素来自哪里,以及生命是遍布宇宙还是仅存在于地球。不过在我们考虑复杂的生物反应之前,我们必须先考虑一下太空的环境,其中含有哪些分子,以及它们又是如何促使那些基本反应发生的。

只关注太空的平均条件对于了解特定区域的状况并没有多少帮助。就算太空的大部分区域荒凉而又寒冷,但太空如此广阔,各区域的条件可能会相差甚远。填充恒星间广袤太空的星际物质,并不是一片均匀的气态粒子海洋。这里有寒冷、稠密的含有氢的分子云,也有恒星爆发后生成的超高温区域。

大部分(99%)星际物质由气体构成,其中氢占据总质量的三分之二,剩余的质量则基本由氦贡献。相较而言,碳、氮、氧以及其他元素的含量就微乎其微了。另外 1% 的星际物质是尘埃。不过这里所谓的尘埃既不像每天都会落到窗台上的灰尘,也不像菲利普·普尔曼的黑质三部曲中那些虚构的有意识的粒子。

尘埃 星际尘埃由一些含有硅酸盐、金属、石墨等物质的微小颗

> **❝我们已经消除了小小地球上的距离,但我们永远无法消除群星之间的距离。❞**
>
> —— 阿瑟·克拉克,
> 《我们将永远无法征服太空》

1987 年	2009 年	2013 年
在星际物质中发现丙酮分子	星际物质中发现的分子种类超过 150 种	在太空中发现二氧化钛

火星上的生命

我们在太阳系中的近邻，火星，一直吸引着那些试图搜寻地外生命的科学家。由于宇宙生物学家认为水对于生命极为重要，因此是否存在水成为了火星是否存在生命的首要条件。然而事实证明，火星上的水大部分都以冰的形式存于地表之下或者附着在土壤颗粒上。理论上讲，宇航员可以通过加热火星土壤获取水。2014 年，发表在太阳系科研期刊《伊卡洛斯》上的一些火星图片显示其表面有疑似河谷，这使得某些人认为这颗红色星球上曾经有过流水。但并没有证据表明火星上的水（无论以何种形态）曾经维持过生命，或者现在仍在。

粒构成。它们的重要性在于，它们为那些孤独地飘荡在浩瀚空寂的太空中的分子提供了一个落脚地。如果这些分子停留的时间足够长，它们就有可能遇到另外一个能与之发生反应的分子。一些尘埃颗粒被包裹在冰（水冰）中，因此需要依靠冰化学来解释这些颗粒表面可能会发生的事情。尘埃颗粒中的其他元素有可能充当催化剂，推动一些罕见反应的进行。在能量水平不足的地方，星光中的紫外线、宇宙射线、X 射线都可以作为能量来源。此外，还有一些反应根本不需要外界能量。

2013 年，天文学家在使用位于夏威夷的亚毫米射电望远镜阵列对深空进行射电观测时，在明亮的超巨星大犬座 VY 周围的尘埃颗粒中发现了二氧化钛的信号。二氧化钛是防晒霜的主要成分，还可以用于制造白色涂料。他们认为，在太空尘埃中，这种物质可能催化了那些能够生成较大、较复杂分子的反应，因此非常重要。

播种生命 但按照我们目前的认识，较大的分子在太空中属于"少数派"。差不多 80 年前，第一批星际分子（其实是一些自由基：$CH^·$、$CN^·$ 和 CH^+）被发现。从那之后，又有 180 余种得到确认，其中绝大部分所含原子数不超过六个。含有十个原子的丙酮分子（$(CH_3)_2CO$）是其中较大的，它于 1987 年首次发现。不过，真正让太空化学家感兴趣的是像稠环芳烃（PAHs）这类较大的含碳分子，因为它们可能有助于揭

稠环芳烃

稠环芳烃（PAHs）是一类含有苯环结构的分子。在地球上，它们是不完全燃烧的产物，烤焦的面包和烤肉以及汽车烟气中都存在这类物质。20世纪90年代中期之后，在宇宙各处都发现过它们的身影，包括早期恒星的诞生地，只是它们的存在还没有得到直接的证实。

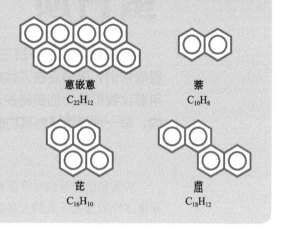

蒽嵌蒽
$C_{22}H_{12}$

萘
$C_{10}H_8$

芘
$C_{16}H_{10}$

䓛
$C_{18}H_{12}$

示有机分子是如何形成的。在一些有关生命起源的理论中，稠环芳烃和其他有机分子被认为给地球播撒下了生命的种子。另外，在太空中也检测到过氨基酸，但还未能确认。

太空化学家的工作不只是搜寻有趣分子的信号，他们还有其他一些利器。他们能够在实验室中模拟太空中发生的事情。比如，可以用真空箱制造出一小块并非空无一物的星际"空"间，研究化学反应在那里是如何进行的。结合计算机建模，这一方法可以给出一些分子和反应的预测，而它们有可能随着技术的进步而得到证实。在新的更强大的望远镜，比如位于智利阿塔卡马沙漠中的阿塔卡马大型毫米波阵列的帮助下，化学家将能确认或者推翻他们的一些最大胆的理论。

用望远镜研究化学

32 蛋白质

蛋白质是我们一日三餐的一个重要成分，但我们为什么要摄取它们？蛋白质在人体内的真实作用又是什么？其实，它的作用要比我们认为的多得多。蛋白质是个多面手，它有数不清的结构，每一种都恰好为其功能服务。

从强韧的蛛丝到对抗疾病的抗体，蛋白质异常丰富的结构成就了它异常多样的功能。虽然大多数人都知道肌肉由蛋白质构成，但他们不一定知道这些分子还承担了生物体内大多数"辛苦活"，并因此常常被称为细胞中的"苦力"。那么蛋白质到底是何方神圣？

珠链上的珠子 蛋白质可以看作是一条通过肽键相连的氨基酸链。不妨把它想像成一串彩色的珠链，每种颜色代表一种氨基酸。在自然界中存在着大约 20 种不同的氨基酸，或者说不同颜色的珠子，其中人体能够合成的称为非必需氨基酸，而只能从食物中摄取的称为必需氨基酸（参见第 129 页"必需和非必需氨基酸"）。

并非所有的氨基酸都由生物有机体制造。1969 年，在澳大利亚默奇森附近坠落的一块陨石至少携带了 75 种不同的氨基酸。而在几十年

大事年表

1850 年	1955 年	1958 年
阿道夫·施特雷克尔首次合成出一种氨基酸（丙氨酸）	弗雷德里克·桑格对胰岛素进行氨基酸测序	约翰·肯德鲁和马克斯·佩鲁茨利用 X 射线晶体衍射技术首次获得高分辨率的蛋白质结构（血红蛋白）

前，斯坦利·米勒有关生命起源的实验就已经证明：在类似于地球 40 亿年前的环境下，可以用简单的无机分子合成出氨基酸。

所有氨基酸都遵循一个共同的结构，一个通式 RCH(NH₂)COOH。在这个结构中存在一个中心碳原子（C），它连着一个氨基（-NH₂）、一个羧基（-COOH）、一个氢原子（H）以及一个 R 基团，其中 R 基团赋予了每种氨基酸独特的性质。比如，蛛丝中含有很多甘氨酸，它是最小、最简单的氨基酸，其中的 R 基团是一个氢原子。甘氨酸被认为会让纤维具有弹性。

蛋白质中氨基酸（珠子）的连接顺序，即氨基酸的序列，称为蛋白质的一级结构。因此，类似于 DNA，蛋白质也可以进行"测序"。根据类型和用途不同，蛛丝蛋白的氨基酸序列略有不同。然而根据研究，每种序列 90% 的部分都由 10 到 50 个氨基酸构成的重复单元相连而成。

> **当我第一眼看到 α- 螺旋时，我震惊于它那美丽优雅的结构。**
> —— 马克斯·佩鲁茨，谈及血红蛋白中 α- 螺旋结构的发现

超级结构 蛋白质的高级结构包括氨基酸链的折叠和卷曲（二级结构），以及由此生成的三维结构（三级结构）。一些二级结构会一次次重复出现。不妨再以蛛丝为例，圆网蜘蛛吐出的最坚韧的丝，也就是它用来编织蛛网框架的蛛丝，其氨基酸链通过大量氢键（参见第 18 页）形成层状折叠。这种称为 β- 折叠的二级结构也存在于角蛋白中，后者也是一种结构蛋白，是头发、皮肤、指甲的构成成分。更为常见的一种二级结构是弹簧状的 α- 螺旋结构，血液中用于输送氧的血红蛋白以及肌

1988 年
利用基因改造的酵母生产的凝乳酶获准用于食品生产

2009 年
诺贝尔化学奖授予蛋白质组装反应方面的工作

连接氨基酸

细胞中负责将氨基酸"珠子"串成蛋白质"珠链"的是线粒体。它的工作是形成两个"珠子"之间起连接作用的肽键——肽键由一个氨基酸的羧基与另外一个氨基酸的氨基反应得到，同时会释放出一分子水。利用 DNA 遗传密码提供的"指南"，核糖体每秒钟可以连接大约 20 个新氨基酸。如此快的反应速率意味着很难研究形成这些化学键的反应。但在 X 射线晶体衍射技术（参见第 86 页）揭示了核糖体的结构之后，一位美国化学家托马斯·施泰茨设法解决了这个问题。通过结晶处于连接反应不同阶段的核糖体，并生成三维结构，他揭示了这一反应的具体步骤，并找到最为关键的那些原子。2009 年，他因这项工作获得了诺贝尔化学奖。

甘氨酸和丙氨酸相连生成二肽：甘氨酰丙氨酸

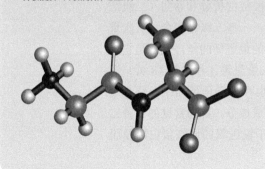

肉中的肌红蛋白都含有这种结构。

正是 β- 折叠被认为赋予了蛛丝蛋白纤维可与钢铁媲美的强度。（值得强调的一点，蛛丝那不可思议的强度结合了尼龙的弹性与凯夫拉纤维的韧性，后者是用于制造防弹衣的材料！）这种纤维激发了好几家机构开始尝试研制人造蛛丝。克莱格生物工艺实验室制出的"魔鬼蚕丝"便是一种类似蛛丝的纤维，它的生产者是经过基因改造的蚕宝宝。该公司不仅仅想复制天然蛛丝，更想改进它，比如在蛛丝中植入抗菌功能。

多面手 蛋白质不仅仅构筑结构，它们还控制并启动了很多发生在细胞内的事情。据估计，一个典型的动物细胞含有 20% 的蛋白质，种类多达数千种。考虑到只用五个氨基酸就能排列出三百多万种可能的序列，而大多数蛋白质要长得多，我们对蛋白质的多样性就不会太过惊讶了。即使当蛋白质不构筑结构时，它们的形状依然非常关键。

蛋白质在细胞内担当的最重要的一个角色是充当调控化学反应速率的生物催化剂，也就是酶（参见第 130 页）。这时它的结构和三维形状成为了关键，将决定酶如何与参加反应的分子发生作用。生物催化剂往往对它所催化的反应高度特异化，远比那些工业上使用的催化剂专一。

蛋白质的结构对于免疫球蛋白分子也极为重要，这类分子是人体免疫系统对抗疾病时所依赖的抗体。人体在感染过特定类型的流感之后便会产生对抗它的抗体，使得人体在以后不会再感染同一类型的流感。抗体是以蛋白质为基础的免疫球蛋白分子，能够识别流感病毒并与其特定部位结合，而这一识别过程是基于它们的结构。通过重组产生抗体的细胞的基因，人体能够产生对抗数百万种不同入侵者的蛋白质结构。

但不幸的是，蛋白质结构的重要性在出现错误时也会特别清晰地体现出来。帕金森症便是神经细胞中的蛋白质发生错误折叠的结果。科学家正在试图弄清畸形蛋白质是否也是另外一些重大疾病，比如阿尔茨海默氏病的根源。

必需和非必需氨基酸

对于成年人来说，必需氨基酸包括苯丙氨酸、缬氨酸、苏氨酸、色氨酸、异亮氨酸、蛋氨酸、亮氨酸、赖氨酸和组氨酸，这些氨基酸必须通过食物摄取。非必需氨基酸则包括丙氨酸、精氨酸、天冬氨酸、半胱氨酸、谷氨酸、谷氨酰胺、甘氨酸、脯氨酸、丝氨酸、酪氨酸、天冬酰胺和硒半胱氨酸，这些氨基酸人体可以自己合成。但有些人的身体并不能合成所有的非必需氨基酸，因此他们必须通过食物进行补充。

结构为功能服务

33 酶作用

作为生物催化剂，酶驱动了无数与生命有关的反应，从人体的新陈代谢到病毒在人体细胞内的繁殖。在上个世纪，两种酶作用模型影响着我们对酶的工作机理的认识，它们都试图解释为什么酶对它所催化的反应如此专一。

德国生物化学家埃米尔·费歇尔看上去好像对热饮着了谜，其实他真正感兴趣的是茶、咖啡和可可中所含的嘌呤。有一次，他将乳糖加到这些热饮以及牛奶中，这让他在不经意间研究了酶。1894年，他证明酶可以催化将乳糖水解成它的两个组分单糖的反应。在同年发表的一篇论文中，他还初步提出一个理论试图解释酶的工作原理。

钥匙和锁 酶是催化生物体内反应的生物催化剂（参见第46页）。对于酶的作用机理，费歇尔提出了"钥匙和锁"理论。费歇尔观察到，他的一种"宝贝糖果"有两种结构略有不同的异构体，它们分别可由两种不同的天然酶催化水解。一种反应只由来自酵母的一种酶催化，另一种反应只由来自杏仁的一种酶催化。虽然这两种糖含有完全相同的原子，大部分结构也相同，但它们无法与同一种酶相配。费歇尔将这两种糖看成是不同的"钥匙"，它们只能分别打开相应的"锁"。

大事年表

1894 年	1926 年
埃米尔·费歇尔提出酶作用的"钥匙和锁"模型	詹姆斯·萨姆纳获得第一种酶的晶体（尿素酶）

费歇尔将这一理论扩展到其他的酶和它们的底物（即"钥匙"），从而形成了第一个酶作用模型，成功解释了酶的一个重要特性：特异性。费歇尔的这个模型直到他去世几十年后才被推翻。不过在这期间，还有其他一些关于酶的工作需要完成。

证明他们错了 费歇尔始终不知道的一个情况是，所有的酶都是"一家人"，它们都是由氨基酸构成的蛋白质（参见第126页）。另外一位化学大家詹姆斯·萨姆纳很清楚这一点，但他需要努力向大家证明。萨姆纳是一位坚韧而固执的人，尽管他的左臂自肘关节以下因为儿时的一次狩猎事故而被截肢，但他还是努力成为了一名运动健将，并赢得了康奈尔大学教职工网球俱乐部的冠军。他的坚韧精神也体现在他

活性位点

一个酶的活性位点是它与底物结合的位置，也是酶与底物发生反应的地方。活性位点可能只包含几个氨基酸。任何能够改变活性位点结构的因素都会影响结合，使得反应不太可能再发生。比如，pH值的升高和降低会改变周围环境中的氢离子数目（参见第42页），这些氢离子会与活性位点处氨基酸上的基团发生作用，从而改变结构。任何与酶结合并直接封闭活性位点的分子称为"竞争性抑制剂"。而那些在其他位置与酶结合，但依旧能够改变酶的结构并足以使之失去作用的分子称为"非竞争性抑制剂"。基因的改变同样可以影响酶作用，特别是当它们的改变被转译为活性位点处氨基酸的改变时。戈谢病便是一个典型的例子，基因变异影响了葡萄糖脑苷脂酶的活性位点，使得它的底物在各种器官中聚集。不过，替换有缺陷的酶也是可能的，全球大约有一万名戈谢病患者正在接受酶置换治疗。

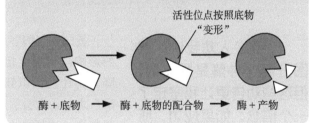

活性位点按照底物"变形"

酶＋底物 ➡ 酶＋底物的配合物 ➡ 酶＋产物

的科研工作中，尽管有好几个人都认为试图分离一种酶是件愚蠢的行为，建议他不要去尝试，但他还是义无反顾地投身其中，并一干就是九年。

1926 年，萨姆纳成为第一个成功结晶一种酶的人，从巨豆中分离出了尿素酶。（这种酶使得幽门螺杆菌可以在胃中存活，后者是胃溃疡的罪魁祸首。尿素酶可以分解尿素，使得胃部 pH 值升高，更适宜幽门螺杆菌生存。）而当没有人相信自己的结论，尿素酶是一种蛋白质时，萨姆纳又开始设法证明他们错了。他先后就这一课题发表了十篇论文，证明他的结果是无可辩驳的。这使他最终获得了诺贝尔化学奖。

更好的理论 那时，"钥匙和锁"模型依旧是解释酶作用的首选方法。如果将尿素酶看作是"锁"，那么尿素便是"钥匙"。到了 20 世纪 50 年代，美国生物化学家小丹尼尔·科什兰修订了费歇尔有些过时的模型，他的"诱导契合"模型沿用至今。科什兰将费歇尔理论中较为刚性的"锁"进行了调整，以符合酶是一种结构较为柔软的蛋白质这一事实。

> **很多人劝我说，试图分离一种酶是愚蠢的，但这些劝告更让我坚定了一个信念：如果成功，所有努力都会是值得的。**
> —— 詹姆斯·萨姆纳

蛋白质与酶容易受环境因素，比如温度和其他分子的影响。当温度超过体温时，人体内酶的活性直线下降。科什兰认识到，当一个底物分子遇到它的"真命酶"之时，它会引起酶的外形发生变化，使得酶与它紧紧契合，这便是"诱导契合"。上述过程发生在由酶的一小部分构成的活性位点区域（参见第 131 页"活性位点"），可以将其看作是费歇尔理论中的"锁"。因此，尿素并不是严丝合缝地与尿素酶相结合，而更像是躺进了一张会根据它的身体改变形状、让它感觉很舒适的海绵床。

"诱导契合"模型还被广泛应用于理解生物学中的结合和识别过程，比如解释激素如何与它们的受体结合、药物如何起效等。抗艾滋病药物奈韦拉平和依法韦仑的作用机理便是与反转录酶相结合，这种酶是艾滋病毒在人体细胞内制造 DNA 以便自我复制时所必需的。这些药物会紧靠酶的活性位点与之

结合，从而改变酶的结构，干扰它的工作。这样病毒就不能制造新的 DNA，也就无法自我复制了。

工业中的酶

酶还被广泛应用在许多不同的工业领域中以加快反应。生物洗衣粉中就含有酶，它可以分解污物中的物质，节省洗衣时所需的力气。食品和饮料工业则使用酶将一种糖转化为另外一种。但问题是，酶是一种蛋白质，它只能在很窄的条件下工作，因此像是温度、压力以及 pH 值都需要严格控制。

两种酶作用的模型都会在学校课程中教授，并成为新发现是如何促进科学思想进步的很好例子。科什兰对"钥匙和锁"酶作用模型的改进所依据的一部分证据是蛋白质结构的柔性及其空间结构的不确定性，这使他确信这个广受认同的理论并非完全正确。然而，由于无比尊重已经成为生物化学之父的费歇尔，科什兰一直坚持认为自己的成就只是建立在一位伟人的工作之上。他曾经令人动容地写道："人们常说每位科学家都站在了前辈伟人的肩上，那么能够站在埃米尔·费歇尔的肩上是我的无上光荣。"

天然催化剂

34 糖

糖是大自然的燃料，它与蛋白质、脂肪一起合称三大营养物质。糖能给肌肉以力量让我们奔跑，给大脑以能量让我们思考，它们还串起了我们的DNA链。但它们也能让我们变胖，还会让侵入体内的病毒进入细胞。

如果在周五晚上吃了一顿大餐，我们可能会在周六早上去晨跑，以便将大餐"燃烧"掉。这里所说的"燃烧食物"，其实是指发生在我们体内的一个化学反应：将糖分解，释放能量。就像煤炭一样，糖是一种燃料，它需要氧气才能充分"燃烧"，生成二氧化碳和水并释放能量。我们必须通过食物摄取糖，而植物则可以通过光合作用（参见第 146 页）自己合成，这也就是为什么我们食物中的糖大多来自植物。

但糖不仅仅只是动植物的燃料。由于意识到煤炭、石油和天然气正在耗尽，人类越来越关注从植物中大量提取能量的方案。而生物能源工业为我们展示了从农作物、植物废弃物所含的糖以及淀粉、纤维素等多糖物质获取可再生能源的前景，只不过它必须与食品生产者争夺土地。

除了作为能源，糖还有其他用途。比如，核糖是载有遗传密码的 DNA 和 RNA 分子的重要构成部分。它与蛋白质结合则形成了细胞表面

大事年表

1747 年	1802 年	1888 年
德国化学家安德烈亚斯·马格拉夫从甜菜汁中获得晶体，并与通过甘蔗获得的晶体作比较	第一家甜菜加工厂开业	埃米尔·费歇尔发现葡萄糖、果糖以及甘露糖之间的联系

的受体（但也可以让病毒进入），还可以像激素那样在相距遥远的细胞间传递信息。此外，令人惊奇地，植物可以用糖来计时。

何为糖 我们平时加到牛奶或者咖啡中的糖是蔗糖，它也是植物用来存储能量的糖，可以从甘蔗或者甜菜中提取。但还有许多其他种类的糖，可以很容易通过它们的名字分辨出来，像是葡萄糖、果糖、蔗糖、乳糖等。在英文中，它们可以通过后缀 -ose 来分辨。糖有时还被称为碳水化合物，因为大多数糖（但不是全部）的结构式符合 $C_m(H_2O)_n$ 的通式，看上去像是碳的水合物。某些糖是短链结构，更多的则是环状结构。最关键的一点，它们都含有一个通过双键与氧相连的碳原子（或者其衍生结构，参见本页"糖与立体异构体"）。诺贝尔奖获得者埃米尔·费歇尔在糖化学方面做了很多开创性工作，并在

糖与立体异构体

甘油醛是最简单的一种单糖。与葡萄糖类似，它含有一个醛基（-CHO）。所有的糖都含有醛基或者酮基。在酮基中，与氧原子通过双键相连的碳原子与另外两个含碳基团成键；而在醛基中，这个碳原子剩余的两个化学键中有一个与氢原子相连。如下图所示，甘油醛这种单糖存在着两种结构。可以看到这两种结构非常相似，除了一点：L型甘油醛中的羟基和氢与D型甘油醛的这两个基团位置刚好相反。而且不可能通过旋转让L型和D型完全重合。这是因为这两个分子是立体异构体，也就是说，尽管他们的原子构成和化学键都完全一样，但它们的三维结构却不相同。对映体是一类特别的立体异构体，一对对映体互为镜像（参见第70页）。图中用简便的二维结构图绘制立体异构体的方法由埃米尔·费歇尔于1891年提出，当时他正在研究糖。

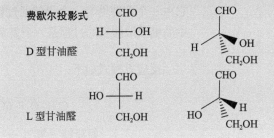

费歇尔投影式　D型甘油醛　L型甘油醛

参见第70页

1892 年	1902 年	2014 年
费歇尔确定16种六元糖的三维结构	费歇尔因在糖和DNA碱基方面的工作而被授予诺贝尔化学奖	化学家宣布制成可穿戴的血糖监测装置

血糖监测

从医学角度来看，能够随时监测血糖水平对于糖尿病患者和减肥者意义重大。2014 年，来自一家新公司 Glucovation 的科学家和技术人员宣布，他们集全公司之力开发了第一种可穿戴血糖传感器，能够全天候地监测血糖浓度。与现有的血糖仪每次检测都要用新的针头采血不同，这种新仪器每周才需要插入一个新的针头，并且可以通过智能手机检测血糖水平。

1888 年首次弄清了葡萄糖、果糖以及甘露糖之间的联系。

还有一类糖，很多人不知道它们的身份，那就是多糖。它们是由许多（单）糖首尾相连形成的长链状聚合物。麦芽糊精便是一个例子，它是一种葡萄糖的聚合物，来自玉米或者小麦，常常被添加到运动员食用的能量粉和能量胶之中。科学家还用麦芽糊精作为能量来源开发了可生物降解电池。而在大自然中，这些"电池"使用酶（对应着传统电池中所使用的昂贵的金属催化剂）催化那些能够产生能量的反应。

两条路，二选一 就人类而言，最为重要的糖大概非葡萄糖莫属。它是一种简单的单糖，也就是分子中只含有一个糖。蔗糖则是一种二糖，它由一个葡萄糖与一个果糖通过糖苷键相连而成。而由酶催化、从食物中的糖获取能量的过程是一个复杂的多步反应，也是活细胞的能量来源。

反应方程式如下：

$$C_6H_{12}O_6 + 6O_2 \rightarrow 6CO_2 + 6H_2O$$

葡萄糖 + 氧气 → 二氧化碳 + 水 (+ 能量)

真实的反应过程要比这个总方程式复杂一些，但上式至少可以指明起始反应物和最终产物。氧在这一反应中扮演了非常重要的角色。如果没有它，葡萄糖就无法充分"燃烧"，只能生成乳酸，也就是乳酸菌发酵的同一产物，它也与锻炼时的疲劳感有关。尽管人体也能通过产生乳酸的过程获得能量，但能量要少得多。

这两条生产能量的路线分别称为有氧呼吸与无氧呼吸。弄清这两条路线在体育竞赛（比如径赛项目）中该如何分配，是运动科学中非常令人感兴趣的一个课题。举例来说，400 米与 800 米的赛跑运动员都会使用到有氧呼吸过程产生的能量，但由于肌肉无法获取足够的氧气产生所需的全部能量，他们也都必须通过无氧呼吸产生能量作为补充。一般来说，有氧呼吸生成的能量直到起跑 30 秒之后才会超过无氧呼吸产生的能量，因此一位优秀的 400 米跑选手如果在 45 秒之内跑完全程，他所消耗的能量大部分来自于无氧呼吸，而 800 米跑运动员所消耗的能量则大部分来自于有氧呼吸。

糖钟 虽然糖是一种重要的能量来源，但我们也必须清楚意识到需要好好控制我们的血糖。人体内多余的糖会以糖元这种多糖的形式储存在肝脏和肌肉之中。对于前面所说的 400 米跑运动员来说这没什么，因为他很快会将它们消耗掉。但如果用不上的糖太多，身体就会将它转化为脂肪，并堆积进脂肪细胞中作为后备能源。听到这，你是不是想立刻去锻炼了？另外，只有葡萄糖才能让大脑平稳运转，这可以成为在经历一下午繁重脑力工作后，吃块蛋糕的绝佳理由。

还在好奇植物怎样用糖计时吗？好吧，2003 年，英国约克大学和剑桥大学的科学家发现，植物在白天会利用糖的积累过程调节它们的昼夜节律钟。清晨，当太阳升起后，它们开始光合作用，体内的糖开始积累。而当糖最终到达一定阈值时，植物便知道黄昏来到了。科学家发现，如果让植物停止光合作用就会搅乱它们的昼夜节律，但给它们输送蔗糖，就能帮助它们重调时钟。

> **糖，大自然的第一种有机化学产品，动植物体内的其他成分都因它而重塑。**
>
> —— 埃米尔·费歇尔

燃料与仇敌

35 脱氧核糖核酸

提起脱氧核糖核酸（DNA）的发现和研究历程，詹姆斯·沃森和弗朗西斯·克里克无疑是最耀眼的两位主角。然而，我们也不应该忘记早期的一些对细胞化学成分的研究对于发现这种基因材料至关重要，而且可以说，它们也更加有趣。

整理粘满他人脓水的绷带，对于普通人来说绝对是件恶心的事情。但弗里德里希·米舍不是普通人，他对脓水的成分非常感兴趣，以至于花费了自己职业生涯的很大一部分时间对它进行研究。不但如此，为了他的研究，他还愿意清洗猪胃，或参加夜钓以获得鲑鱼的精子。

米舍的目的是尽可能纯净地获得一种他称为核素的物质。尽管接受的教育是成为医生，这位瑞士科学家还是在 1868 年进入德国图宾根大学费利克斯·霍佩 - 赛勒的生化实验室工作，并对细胞的化学成分着了迷，而且这一兴趣从未消退。在 DNA 研究领域，虽然米舍的名气远远比不上 DNA 结构的发现者詹姆斯·沃森和弗朗西斯·克里克，但他的发现绝对属于最重要的那一些。

脓水和猪胃 米舍的导师，霍佩 - 赛勒的研究兴趣是血液，因此米舍最初的研究方向是关于白血球的。他很快就发现可以从绷带所吸收的

大事年表

1869 年	1952 年	1953 年
弗里德里希·米舍从白血球中提取出"核素"，即 DNA	DNA 被确认为基因材料	DNA 的双螺旋结构发表

脓水中大量获得白血球，而绷带则可以直接从附近的外科诊所获得，而且是"新鲜的"。很巧的是，当时药棉刚刚问世不久，并被证明是吸附脓水的好材料。只是那时，米舍并没有想到会发现与遗传有关的物质，他只是想更多地了解细胞内所含的化学物质。

在研究过程中，米舍得到了一种沉淀，这种沉淀虽然表现得有点像蛋白质，但他无法将它与任何一种已知的蛋白质相匹配。这种物质像是来自位于细胞中心区域的细胞核。随着他对细胞核内含物的兴趣越来越高，他找到了多种分离它的方法。这时就轮到猪胃上场了。猪胃是获取胃蛋白酶的好地方，这种酶可以消化蛋白质，米舍用它来分解细胞中其他大部分物质。为了获得胃蛋白酶，米舍用盐酸反复冲洗猪胃。最终他利用所得的胃蛋白酶获得了一种较为纯净的灰色物质，并将之命名为"核素"，它含有我们现在称为 DNA 的物质。

> ❝ DNA 和 RNA 已经存在了至少数十亿年。在大多数时间里，它们只是静静地待在那里干它们自己的事情，而我们则是地球上第一种意识到它们存在的生物。❞
> —— 弗朗西斯·克里克

米舍确信核素对于理解生命的化学过程极为重要，因此他对它进行了元素分析。也就是说，让它与各种不同的化学物质反应并对产物进行称重，从而弄清它的成分。其中一种含量高得有些异乎寻常的元素是磷，而正是这种元素让米舍确信自己发现了一种新的有机分子。他甚至还测定了在细胞各个生命阶段，核素在细胞中所占的比例，并最后发现在分裂发生之前含量最高。这很明确地表明了它在遗传信息传送过程中扮演了重要角色，也让米舍一度相信核素应该参与了遗传。但他很快

1972 年	1983 年	2001 年	2010 年
保罗·伯格使用来自不同生物的基因组装出 DNA	发明聚合酶链式反应（PCR），一种可制造出 DNA 的上百万份副本的技术	人类基因组计划完成	克雷格·文特尔合成出一段基因并将之插入一个细胞中

又抛弃了这个想法，因为他不相信一种化学物质能够包含所有的遗传信息，使得生命能够如此多样。米舍接着又在从莱茵河中捞到的鲑鱼，以及鲤鱼、青蛙和鸡的精子中发现了这种物质。

完成拼图 米舍在核素方面的工作遇到的一个难题是，它违背了一个被许多同时代科学家认同的假设：蛋白质是遗传物质。到了 20 世纪初，注意力再次集中到蛋白质上。那时，核素或者说 DNA 的成分已经弄清了：它由磷酸（形成 DNA 的骨架，印证了米舍发现的磷元素）、糖以及五种碱基（如今我们知道正是它们构成了遗传密码）构成。但蛋白质理论更具说服力，构成蛋白质的 20 种氨基酸能够提供更高的化学多样性，因而也更容易解释生命的多样性。到了 20 世纪 50 年代，DNA

基因密码

脱氧核糖核酸（DNA）由两条像绳子中的纤维那样相互缠绕的核酸链构成。每条核酸链都由一些相似的重复单元构成，而每个重复单元都含有一个碱基、一个糖和一个磷酸基。两条链通过碱基之间的氢键（参见第 18 页）缠在一起，而碱基的顺序就构成了基因密码。腺嘌呤只能与胸腺嘧啶结合（A-T），而胞嘧啶只会与鸟嘌呤形成氢键（C-G）。在细胞分裂过程中，当需要进行基因密码复制时，碱基之间的氢键断裂，两条链分离形成模板以合成新的核酸链，这一切都由细胞中的酶来完成。而在合成蛋白质时，细胞中的"合成机器"先会读出碱基的序列，每三个碱基形成一个密码子，转译为一个氨基酸，添加到不断增长的蛋白质链上（参见第 126 页）。不同的三碱基序列有时会转译为同一个氨基酸。比如，当转译机器读到 TCT、TCC、TCA 或者 TCG 时，它都会转译为丝氨酸。

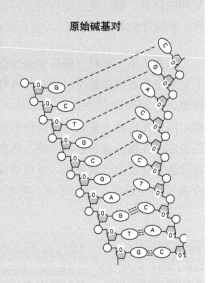

原始碱基对

的秘密开始被解开。在短短的几年时间
里，先是确认了当一个病毒感染一个细
菌时，所传送的遗传物质正是 DNA；随
后詹姆斯·沃森和弗朗西斯·克里克又
发现了 DNA 的双螺旋结构，并将结果
发表在《自然》杂志上。然而，一位年
轻、聪明的化学家及 X 射线晶体学家，
罗莎琳德·富兰克林对于发现这个结构
所做出的贡献却往往被忽视了。正是这
位就职于伦敦国王学院的女化学家所拍

> ## 核苷酸
>
> 　　由碱基、糖和磷酸基构成的 DNA 结构单
> 元称为核苷酸。严格来说，DNA 中的核苷酸
> 应当称为脱氧核糖核苷酸，因为它所含的糖
> 是脱氧核糖。RNA（细胞用来将 DNA 密码转
> 译为蛋白质的"单链版 DNA"）中的糖是核
> 糖，它的核苷酸应当称为核糖核苷酸。寡聚
> 核苷酸则是由核苷酸构成的短链。

摄的 DNA 衍射照片导致了 DNA 结构的发现。她的同事莫里斯·威尔
金斯在没有得到富兰克林允许的情况下就将照片展示给了沃森。在那个
时代，当有男科学家在她的实验室里时，富兰克林甚至不能在同一个房
间中吃午餐。而且要不是她的母亲和姨妈的支持，她的父亲甚至会拒绝
为她付学费，因为他认为女人根本就不该上大学。

　　DNA 词典　　然而，发现 DNA 的结构并未完全解开谜团。在米舍
去世（他死于肺结核，享年 51 岁）半个多世纪之后，人类依旧没有弄
清核酸为何能够让生命如此多彩。然后，在沃森、克里克和威尔金斯
获得 1962 年的诺贝尔奖之后，1968 年的诺贝尔生理学或医学奖获得
者，罗伯特·霍利、哈尔·戈宾德·霍拉纳和马歇尔·尼伦伯格解开了
基因密码：他们弄清了 DNA 的结构如何被转译为蛋白质的化学结构
和复杂性。现如今，尽管已经完成了整个人类基因组的测序，我们仍
在试图解读出其中大部分内容的含义。

生命密码的化学副本

36 生物合成

我们如今使用的很多化学品，包括一些救命用的抗生素以及用来染衣服的染料，都是从其他物种那里"借"来的。这些化学物质可以直接提取，但如果有相应的生物合成路线可循，它们也可以在实验室中通过化学方法或者在替代生物（如酵母）的帮助下合成。

2002 年 1 月，一队韩国科学家来到位于韩国大田市的儒城森林收集土壤样品。他们在松林间穿行，收集表层土壤以及植物根部附近的疏松土壤样本。不过他们感兴趣的不是土壤本身，而是生活在其中的大量微生物。他们在寻找能够生产有趣的新化合物的细菌。

回到实验室之后，他们从这些微生物以及在镇东溪谷森林中获得的微生物中提取出 DNA，然后将这些 DNA 的随机片段插入大肠杆菌之中。当他们对这些细菌进行克隆培养时，出现了一些奇怪的现象：其中一些细菌变为了紫色。这并不是他们所预期的，他们原本希望找到能够生产抗菌素（有可能成为药物）的微生物，就像当初亚历山大·弗莱明从青霉菌中发现第一种抗生素青霉素时那样。

大事年表

1897 年	1909 年	1928 年
欧内斯特·杜谢恩发现青霉菌可以杀死细菌	对泰尔红紫染料进行化学分析	亚历山大·弗莱明发现（或者说重新发现）青霉素

在将这种紫色颜料提纯并进行包括质谱和核磁共振（参见第 82 页）在内的多种光谱分析之后，他们发现这种紫色颜料并不是新物质，而是由蓝色的靛蓝和红色的靛玉红构成。这两种化合物通常由植物产生，而现在却明显由细菌生成。

天然产物 这是生物合成（也就是利用生物合成天然产物）的一个有趣的例子，两种在进化树上位置完全不同的物种竟然能够合成同一种化合物。澳大利亚的狗岩螺和其他许多种类的海洋软体动物也能够合成一种与靛蓝有关的化合物：泰尔红紫。与靛蓝一样，它从古时起就被用于染衣服。

> 作为一位聪慧、多才且孜孜不倦的组合化学家，大自然以无数种不同且出人意料的方法，设计出一系列异乎寻常且有效的结构。
>
> —— 亚诺什·贝尔迪，匈牙利 IVAX 药物研究所

生物合成指的是生命体用来合成化学物质的生物化学合成路线，其中可能会涉及多种不同的反应和酶。不过当化学家提到生物合成时，合成的产物通常是一些有用的或者有利可图的天然产物，就像弗莱明的青霉素，当然也包括靛蓝和泰尔红紫。尽管现在已经有人工合成的靛蓝色和紫色染料，人们依旧以极高成本从海螺中提取泰尔红紫。通常从 10 000 个荔枝螺中才能提取到 1 克泰尔红紫，花费高达 2440 欧元（2013 年的价格）。还有其他很多类似的例子，比如数个世纪以来，奶酪制造师在制造罗克福尔干酪和斯蒂尔顿干酪等蓝色奶酪时，都要依靠蓝酪霉菌（青霉菌的近亲）所产生的天然产物。

从抗生素到染料，大多数天然产物都属于一类名为次级代谢产物

1942 年	2005 年	2013 年
患有败血症的安娜·米勒成为首位使用青霉素治疗的病人	已知的天然产物数量将近一百万	赛诺菲启动抗疟疾药青蒿素的生产

如何从面包上的霉菌中提取青霉素？

亚历山大·弗莱明最初用来提取青霉素的霉菌叫作青霉菌，它非常喜欢生活在面包上。弗莱明和他的同事努力了多年，试图用它来制造足够的抗生素以治疗病人。部分难点在于提纯过程，但更主要的是他们发现这种霉菌的产能不够。于是他们开始在相近的菌林中寻找产能更高的品种，最终他们找到了生长在香瓜上的黄青霉。在经过多种基因诱变处理（比如 X 光照射）之后，他们获得了一种产能提高 1000 倍的品种。直到现在，它仍被用来制造青霉素。

青霉素的结构
（R 的结构可变）

的化学物质。初级代谢产物是指那些生命体维持生命时所必需的化学物质，像是蛋白质、核酸等；而次级代谢物质则是指那些看上去对生命体没有明显用处的化学物质（当然在大多数情况下，只是我们还没有发现它们的作用是什么而已）。很多次级代谢产物都是小分子化合物，而且是某些特定生命体的产物。这也就是为什么植物、软体动物以及细菌生成化学上相似的染料会是件非常有趣的事情。没有人知道为什么生活在韩国森林中的细菌能够产生蓝色和红色的染料，也没有人知道为什么澳大利亚的海螺也能产生相似的染料。

微生物之间的战斗 粗略估计，自从弗莱明于 1928 年发现青霉素以来，已经有超过一百万种天然产物从一大批不同的物种中提取出来。其中大多数都具有抗菌活性，比如韩国小组研究的土壤细菌就富含抗生素。有观点认为，细菌把这些物质当成对抗其他细菌的化学武器，以便在与其他微生物争夺空间和养分时占据上风，同时也可能用之进行相互交流。寻找新型抗生素的需求现在变得越来越紧迫，因为新型超级耐药菌在不断涌现，比如能够耐受多种药物的结核杆菌。因此，微生物本身可能依然是寻找抗菌药物的最好来源之一。

化学家相信，如果他们能够弄清一个分子在大自然中是如何生产的，他们就能复制合成路线，甚至可能完善它，形成他们自己的方法。因此，他们进行了大量的实验，花费了大量的时间绘制植物、细菌以及其他有机体制造化学物质的生物合成路线。在研发人工合成抗疟疾药青蒿素时，他们就是这样做的。青蒿素来源于青蒿，但这种植物所生产的青蒿素满足不了每年上百万疟疾患者的需求。因此，化学家设法弄清了整条合成路线以及所涉及的基因和酶。现如今，他们重新"设计"了酵母，使之可以制造这种药物。制药公司赛诺菲宣布他们计划将"半合成"的青蒿素作为无利润产品。

> ### 泰尔红紫
>
> 早在人们弄清泰尔红紫的化学结构之前数百年，这种染料就一直被用于为王室及富裕阶级的长袍染色。1909 年，德国化学家保罗·弗里德伦德尔设法弄到 12 000 个多刺的海螺（染料骨螺），并从它们的鳃下腺中提取出 1.4 克这种紫色染料。在将这种燃料过滤、纯化并结晶后，他进行元素分析测试，得到了它的化学式：$C_{16}H_8Br_2N_2O_2$。

有趣的是，尽管大自然生产的紫色和蓝色染料已经被人类使用了上千年，但它们的生物合成过程至今仍未能彻底弄清。这使得一些人认为，使得不同的生命体生产出非常相像的化合物的所谓进化过程的巧合，其实根本不是巧合，因为用以提取泰尔红紫的海螺腺体恰巧只是一个长满了细菌的腺体。虽然目前这只是一种理论，但说不定海螺的腺体中真的生活着一些类似于韩国森林中的紫色细菌的微生物呢？

大自然的生产线

37 光合作用

在如何利用太阳能方面，植物可以说干得非常漂亮。光合作用不仅是我们食物中所有能量的来源，它还向空气中释放了我们生存必需的分子：氧气。

要是我们穿越到数十亿年前的地球，我们会无法呼吸。那时的地球大气，二氧化碳的含量要比现在高得多，而氧气则很少。那么这一情况后来是如何改变的呢？

答案在于植物和细菌。具体来讲，现在普遍认为，第一种向大气排放氧气的生命体应该是蓝藻细菌的祖先，也就是那些通常被称为蓝绿藻的浮游生物。按照一些理论，这些能够通过光合作用产生氧气的浮游生物在进化过程中被植物俘获，最终演变成为植物细胞中的叶绿体，并继续承担光合作用。随着植物在这个星球上日益繁盛，它们在蓝藻细菌"奴隶"的帮助下，将大量的氧气排入大气，使得大气很快就变得适合我们祖先呼吸了。可以说，植物创造了一个人类能够生存的环境。

化学能 然而，植物俘获蓝藻细菌并不是因为它们能够产生氧气，植物更关心的是光合作用的另外一个重要产物：糖。植物可以将它作为

大事年表

1754 年	1845 年	1898 年
夏尔·博内发现树叶浸入水中之后会产生气泡	朱利叶斯·罗伯特·冯·迈尔宣称"植物将太阳能转化为化学能"	"光合作用"一词被广泛接受

燃料，或者说，利用以化学形式存储的能量。在叶绿体中，每生成六个氧气分子就会产生一个葡萄糖分子。反应方程式如下：

$$6CO_2 + 6H_2O \rightarrow C_6H_{12}O_6 + 6O_2$$

二氧化碳 + 水（+ 光）→ 葡萄糖 + 氧气

这一方程式其实只是概括了光合作用，或者说，它只是一个总反应式。在叶绿体中真实发生的过程要复杂得多。让植物叶片和蓝绿藻显示绿色的色素（叶绿素）则是这一过程的中心。它吸收光能，启动了能量从一个分子向另外一个分子的传递。而植物显示绿色是因为叶绿体吸收了可见光的其他部分，只把绿色光反射掉了。

链反应　当光照射到叶绿体时，它也向它们传递了能量。光能从许多所谓的"天线"叶绿素分子传递给位于叶绿体光合作用中心的一些特异化的叶绿素。这些特异化的叶绿素会射出电子，并引发一系列电子传递过程，就像是击鼓传花那样从一个分子传递给另外一个分子。这一氧化还原（参见第 50 页）反应链最终产生了以 NADPH 和 ATP 形式存在的化学能，而这两个分子会驱动生成糖的反应。在这一反应中，水会"分解"并释放出供我们呼吸的氧气。

记住参与电子传递的每一个分子既不容易，也没什么用，但发生的地点却是关键。这一反应发生在名

> **大自然为自己设置了一个难题：如何捕捉到射向地球的光束，并将这种最难捕捉的能量固定住。**
>
> —— 朱利叶斯·罗伯特·冯·迈尔

1955 年	1971 年	2000 年
梅尔文·卡尔文和同事绘出光合作用中碳的传送路线	首次解剖光合作用涉及的蛋白质复合体	第一个植物基因序列公布

光合系统 I 与光合系统 II

在植物的光合作用中涉及两种蛋白质复合体，一种用于产生氧气，另外一种则用于生产 NADPH 和 ATP。这些复合体是一些体积很大的酶，分别称为光合系统 I 与光合系统 II。虽然看上去有点有违直觉，但从光合系统 II 开始解释会更为容易一些。在这一光合系统中，一对被称为 P680 的特异化的叶绿素分子被激发并失去一个电子从而带上正电荷，因而变得迫切需要从其他地方获取一个电子，最终它从水分子中夺取电子并释放出氧气。与此同时，光合系统 I 接受光合系统 II 通过"转移链"传来的电子，以及它自己的光采集叶绿体生成的电子。光合系统 I 中这对特异化的叶绿素分子被称为 P700，它也会释放电子启动另外一条电子转移链。最终这些电子会流入一个名为铁氧化还原蛋白的蛋白质，将 NADP+ 还原形成化学能的贮存者，NADPH。

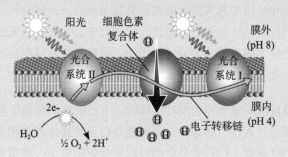

为光合系统（参见本页"光合系统"）的分子复合体中，这一复合体位于叶绿体（即被俘获的古老蓝藻细菌）膜的内部。在这一过程中，氢离子（质子）在膜的一侧生成并被收集，然后被一个蛋白质输送到膜的另外一侧。通过这一质子输送过程，可以很方便地驱动 ATP 的生成。

碳固定者 在叶绿体内生成的化学能（暂存在 ATP 和 NADPH）会驱动一个反应循环，将空气中的二氧化碳转化成糖。它们利用二氧化碳中的碳形成糖分子的骨架。这一"固碳"过程避免了我们的大气完全被二氧化碳所充斥，同时也为植物提供了糖类燃料，作为细胞内的能量来源，或者将其转化为淀粉以备后用。

你也许会认为如果提高大气中二氧化碳的浓度，植物会很开心。它们的确会很开心，如果提高的只有二氧化碳的浓度的话。然而问题是，随着二氧化碳浓度的提升，其他条件也会变化，比如全球气温。在将所有后果都考虑进去后，科学家认为植物的生长会变缓慢而不是加快。

阳光之外的能量

一般而言，地球上的所有能量都来自太阳，植物利用它形成食物链的基础。植物和藻类是自养生物，它们自己生产食物（糖）作为能量来源。但在大洋深处，在没有阳光能够进行光合作用的地方存在另外一类自养生物：化能合成细菌，它们可以从化学物质（比如硫化氢）中获取能量。

强于进化 植物的确是利用光能的高手，每秒钟能够生产上百万个葡萄糖分子。但如果考虑到它们已经花费了几百万年的进化时间来磨炼这一过程，它们的效率就有些让人难以恭维了。如果比较一下驱动光合作用的光子所携带的总能量与贮存在葡萄糖中的能量，你就会发现两者之间存在巨大差异。而当这一过程中所损耗的能量以及用于驱动反应的能量都算上之后，效率还不到5%，而且这还是最高值，多数情况下效率会更低。

那么在这颗星球上生活了还不足一百万年的人类能不能做得更好一些？能不能以更高的效率将太阳能转化为燃料？这正是科学家为了解决我们的能源问题而正在做的事情。除了太阳能电池（参见第170页），另外一个想法是"人造光合作用"（参见第199页）：像植物那样分解水，但将生成的氢作为燃料或者将其用于生产其他燃料。

植物用光制造化学能

38 化学信使

人类发展出语言作为交流的途经。不过在我们能够开口说话之前，我们的细胞就已经在相互交流。它们将信息从我们身体的一部分传送到另一部分，还负责传输神经冲动使我们能够运动和思考。那么它们是怎么做到的呢？

人体细胞不是"一个细胞在战斗"。它们一刻不停地在交流、合作、协调行动，帮助我们完成日常所做的所有事情。而它们做这一切靠的是化学物质。

激素控制着我们身体的发育、食欲、情绪以及对危险的反应能力。它们可能是类固醇类物质（参见对页"性激素"），比如雄激素和雌激素；也可能是蛋白质，比如胰岛素。信号分子则是免疫系统的一部分，它能招集细胞对抗流感或者感冒。不过人体利用化学信使做得最令人赞叹的事情莫过于我们所有的思维和行动，从细微的眨眼到跑马拉松这样的壮举，都是化学信息传递也就是"神经冲动"的结果。

神经的起源　并不算太久远之前，科学家还在争论神经冲动的本质是什么。直到 20 世纪 20 年代，最流行的理论依然认为它们是电而不

大事年表

1877 年	1913 年	1934 年
埃米尔·杜波依斯 - 雷蒙想知道神经冲动是电还是化学	亨利·戴尔发现第一种神经递质乙酰胆碱	乙烯被认为与苹果和梨的腐烂相关，引发对植物激素的研究

是化学物质。普通的实验室动物的神经太过纤细，很难用于研究，因此两名英国科学家艾伦·霍奇金和安德鲁·赫胥黎决定用粗大的乌贼神经作为研究对象。尽管直径只有一毫米，乌贼的游泳肌神经还是比他们之前使用的青蛙神经粗一百倍。1939 年，霍奇金和赫胥黎开始研究"作用电势"，即神经细胞内外的电势差。他们将一个电极小心插入乌贼的神经纤维中，结果发现当神经活动时，它的电势要比安静时高得多。

随后爆发的第二次世界大战让他们的研究中断了好几年。直到大战结束，他们才得以继续有关作用电势的研究。他们的洞见让我们弄清了沿着神经传递的"电冲动"其实是离子从细胞内涌到细胞外时产生的。神经细胞细胞膜上的离子通道（参见第 153

性激素

雄激素和雌激素都是类固醇类激素，它们对人体能产生很多作用，从新陈代谢到性发育，不一而足。尽管雄激素和雌激素是造就男女体型和生理差异的重要因素，但它们的结构却非常相似。它们都含有四个环，只是一个环上所连接的基团略有差异而已。尽管雄激素被认为是"男性激素"，但男性只是分泌得较多而已。女性也需要雄激素以制造雌激素，这也可以解释为什么两者的结构如此相似。女性体内的雄激素水平在早上最高，每天每月都会波动，表现得就像典型的"女性"激素。

雄激素
雌激素

1951 年
约翰·埃克尔斯证明神经冲动在中枢神经中的传递是个化学过程

1963 年
约翰·埃克尔斯、艾伦·霍奇金和安德鲁·赫胥黎因在神经冲动的离子本质方面的工作而被授予诺贝尔奖

1981 年
从一种海洋细菌中发现第一种群体感应分子

1998 年
罗德里克·麦金农绘出神经细胞中离子通道的三维结构

页"离子通道")在神经冲动到来时让钠离子涌入，而在神经冲动的离开时让钾离子涌出。

那么这些冲动如何从一个神经细胞传递到另一个细胞，从而形成一条传递信号的接力链呢？其实，传递的"信号"是一系列一个接一个触发的化学过程，就像是高速进行的传声筒游戏。将神经冲动传递给下一个细胞时，需要一种称为神经递质的分子快速穿过细胞间的间隙，附着到下一个细胞的细胞膜上并引发另一个冲动。这些化学传递链可以将神经信号从我们的大脑传递到脚趾，或者两者间的任意部位。

> **❝希特勒攻占波兰，第二次世界大战爆发，我不得不离开科研岗位八年时间，直到 1947 年才得以返回普利茅斯。❞**
>
> —— 艾伦·霍金奇谈及利用乌贼神经研究冲动

自从 1913 年发现第一个神经递质乙酰胆碱之后，我们逐渐认识到这些信使分子在大脑中所起的关键作用，在那里它们参与触发了多达一万亿个神经细胞。对精神疾病的药物治疗便是基于这样一个假设：这些疾病的根源都是化学问题。例如，抑郁症便被认为与神经递质 5- 羟色胺有关，而 1987 年上市的抗抑郁药百忧解的作用机理则被认为是提高了 5- 羟色胺的水平。不过直到今日，这一假设仍有待进一步讨论。

细胞的交流 不是只有人和其他动物使用化学信使，任何一种多细胞生物，它的细胞之间都需要一种相互交流的方法。比如，植物虽然没有神经系统，但它们也会生成激素。就在生理学家在神经冲动研究方面做出突破性进展之时，植物学家也发现乙烯对于水果腐烂过程极为重要，并最终证明这种可以用来制造聚乙烯（参见第 158 页）的分子不但可以让水果腐烂，还对植物的生长影响很大。大多数植物细胞都能生产这种激素。与许多动物激素一样，它通过激活细胞膜表面的受体分子传递信号。科学家正在试图解开它与植物发育之间的复杂关系，并已经发现仅仅这一种激素就能激活上千种不同的基因。

即使像细菌这类很长时间以来一直被认为是"独行者"的生物，它们的细胞也需要合作。而且由于这些微生物不能靠语言或者行为来交流，它们也要使用化学物质。直到最近十几年，科学家才发现这好像是细菌普遍具有的本领。比如，试考虑一下当一个人生病时到底发生了什么。显然这不是一个小细菌所能做到的，但如果有成千上万个细菌协同发起攻击，情况就完全不一样了。但它们怎样制定作战计划，又如何调集兵力呢？答案是使用化学物质，具体来讲，是使用"群体感应分子"。这种分子与它们的受体一起，使得同种细菌可以相互交流。可被更广泛识别的分子则可以充当"化学世界语"，使得微生物可以跨越种族壁垒相互交流。

细胞之间使用化学物质交流的方式是生命的基础。如果没有这些信号分子，多细胞和单细胞生物都将无法表现得像是一个整体，所有细胞都将孤独地活着和死去。

离子通道

2003年，化学家罗德里克·麦金农因利用X射线晶体衍射技术（参见第86页）获得钾离子通道的三维结构而获得诺贝尔奖。这些结构帮助科学家弄清了离子通道的选择性：为什么一种类型的通道只允许一种离子（对于钾离子通道而言自然是钾离子）通过。

细胞用化学物质交流

39　汽油

汽车给我们带来了随心选择生活和工作地点的自由。但如果没有石油以及不断提升的炼油技术为我们提供汽油，我们的车就哪儿也去不了。但另一方面，汽油也是导致气候变化以及大气污染的最主要的罪魁祸首。

2013 年，美国人平均每天要消耗 900 万桶汽油。假设那一天是 1 月 1 日，那么第二天，也就是 1 月 2 日，美国人要再消耗 900 万桶汽油；1 月 3 日还是一样；整整一年 365 天，天天如此。在这一年中，仅仅美国人就消耗掉了 30 亿桶汽油。

这一惊人数字中的绝大部分都在汽车的内燃机中烧掉了，这些汽油让各种车辆总共行驶了 4.8 万亿千米。但就在 150 年前，不但没有汽车（蒸汽汽车除外），就连烧汽油的内燃机也没有问世，而世界上的第一口油井开采了还不到五年。以汽油为动力的汽车，其崛起速度真是惊人！

石油饥渴　即使在 20 世纪初，全美国也只有 8000 辆注册汽车，而且它们只能以不到 32 千米每小时的速度缓慢行驶。但那时，石油热已经开始，像爱德华·多希尼（据说他是影片《血色黑金》中丹尼尔·

大事年表

1854 年	1859 年	1880 年	1900 年
宾夕法尼亚石油公司成立，并通过挖洞或者挖沟生产石油	打出第一口油井	第一台汽油驱动的内燃机问世	全美注册汽车数量达到 8000 辆

戴·刘易斯所饰角色的原型）这样的石油大亨正在掘他们的第一桶金。1892 年，多希尼的泛美石油与运输公司在洛杉矶钻出第一口自流油井，而到 1897 年，这个数字便超过了500 口。

对于汽油需求的增长速度超过了化学家石油知识的积累速度。1923 年，新泽西标准石油公司的卡尔·约翰斯在《工业与工程化学》杂志上撰文，抱怨这一领域化学研究的不足。而与此同时，好莱坞的明星和石油大亨们（包括多希尼在内）却都在开着豪车兜风。多希尼的儿子内德为他的妻子购买了一部由厄尔汽车厂改装的汽车，这辆车车身为战舰灰色，配有红色真皮内饰和蒂芙尼车灯。厄尔汽车厂的主设计师哈雷·厄尔最终去了通用汽车公司（其实是厄尔汽车厂被后者收购了），掌管艺术与色彩部门，开始为凯迪拉克、别克、庞迪克以及雪佛兰等品牌设计造型。

燃烧的激情 拜不断增长的汽车需求以及亨利·福特为此设计的能够进行大规模汽车生产的流水线方案所赐，加油站如雨后春笋般出现在路旁。而炼油工艺的进步，特别是裂解技术（参见第 58 页）的出现，使得汽油生产商很快就能够生产出燃烧得更为平稳的优质燃油。

现如今，加到汽车油箱中的燃油是包含了数百种不同化学物质的混合物，其中包括一系列碳氢化合物以及像抗爆剂、防锈剂、防冻液等添加剂。所谓"碳氢化合物"涵盖了一大类直链、支链、环状以及芳香类

> **我找到过金子，也找到过白银……但这种难看玩意我觉得会变成某种比真金白银还贵重的东西。**
> —— 爱德华·多希尼

1913 年	1993 年	2000 年	2014 年
福特汽车公司启动第一条生产流水线	客车强制执行欧 I 排放标准	全美注册机动车达到 2260 万辆	欧 VI 排放标准强制执行

苯

苯是一种环状结构的碳氢化合物，它是炼油过程中的一个产物，也存在于原油之中。它是一种重要的化工原料，可以用于制造塑料和药物。由六个碳原子构成的苯环相当稳定，在很多天然和合成化合物中都可以找到它的身影，这类物质被统称为芳香族物质。扑热息痛、阿司匹林以及桂皮、香草中发出香味的物质都是芳香族物质。然而，苯本身却是致癌的，它在石油中的含量受到严格控制，以防其进入大气。催化转换器的进步在减少苯排放方面扮演了重要的角色。

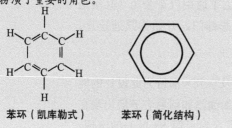

苯环（凯库勒式）　　　苯环（简化结构）

（参见本页"苯"）化合物。石油的产地也会部分影响油品的化学成分，来自世界不同产地的石油具有不同的性质，往往混合使用。

在汽车的发动机中，汽油在空气中燃烧，后者提供燃烧所需的氧气，最终生成二氧化碳和水。例如，

$$C_7H_{16} + 11O_2 \rightarrow 7CO_2 + 8H_2O$$
$$庚烷 + 氧气 \rightarrow 二氧化碳 + 水$$

这是一个氧化还原反应（参见第 50 页），庚烷中的碳原子被氧化，而氧则被还原。

污染问题　直到数十年前，人们还在使用含铅汽油。它加入四乙基铅作为抗爆剂，能防止汽油在到达发动机的工作部位前发生爆炸，从而让燃烧变得更充分。但这也意味着汽车会向大气中排放有毒的溴化铅——这来自四乙基铅与另外一种添加剂 1,2- 二溴乙烷之间的反应，后者的作用是防止铅在发动机中聚集。从 20 世纪 70 年代开始，含铅汽油开始退出历史舞台，而汽油生产商也在寻找新的方法生产能够平稳燃烧的高辛烷值燃油（参见对页"辛烷值"），以便让汽车跑得更远。

但一波虽平一波又起。随着 20 世纪汽车工业的蓬勃发展，大气中二氧化碳的水平持续上升。一同上升的还有其他污染物，因为汽车发动

机产生的能量会使得空气中的组分相互反应。氮气和氧气会发生反应生成氮氧化物（NO$_x$），这类物质会导致光化学烟雾，引起肺部疾病。大约有一半的氮氧化物排放量来自于道路交通。

化学解决方案　随着限制排放的政策越来越严厉，减少排放已经成为汽车生产厂商的一项首要任务。尽管很多汽车生产厂商非常看好电动汽车和混合动力汽车的前景，但汽油以及柴油燃料汽车的问题还是需要解决。仅仅是美国每年烧掉的 30 亿桶汽油就足以充满 20 万个标准的奥运会泳池。这个数字相当于每个美国公民每天消耗 3.8 升汽油。为此，化学家正在着手研究催化转换器中的催化剂、氮氧化物吸收阱以及其他一些车辆减排技术。

多年来，化学的进步使得我们可以生产出更加高效的燃料，让汽车能够行驶得更远，花费得更少。而现如今，化学也不得不面对这样一个后果：尾气污染了大气，而助力我们每日上下班的燃料资源却越来越少。

辛烷值

汽油或者汽油某个组分的辛烷值可用来描述它燃烧时的平稳性和效率。一种汽油的辛烷值可以通过与辛烷值高达 100 的 2,2,4-三甲基戊烷（或者称为"异辛烷"）以及辛烷值为 0 的庚烷进行比较而得到。汽油中那些辛烷值较低的组分更容易造成发动机爆震。

改变世界的燃料

40 塑料

在塑料发明之前我们的日子究竟是怎样过的？我们是如何将那些"败家品"运回家的？我们吃的薯片是从哪里拿出来的？所有的东西又是用什么做的？想到那个时代其实离得并不算久远，这不禁让人感慨。

在薯片刚刚能够大量生产时，它们是装在罐头或油纸袋中出售的，有时则像是"自选混搭"那样装在大桶中用铲子舀着卖。现在则变得方便卫生多了，它们跟大多数食品一样装在塑料袋中出售。

美国的第一家薯片生产公司成立于 1908 年。而就在一年前，第一种全合成塑料酚醛树脂问世。酚醛树脂呈琥珀色，由苯酚和甲醛这两种有机化合物反应而得。最初，这种塑料用于生产从收音机到斯诺克台球在内的各种产品。位于英国萨默塞特郡的酚醛树脂博物馆甚至将一具酚醛树脂棺材当成了镇馆之宝。

> **" 人人都爱用的材料。"**
>
> —— 酚醛树脂生产厂商的广告词

酚醛树脂是热固性的，这意味着一旦成型，就再也无法通过加热改变其形状。在随后短短几十年中，涌现出了一系列各种各样的塑料，包括多种热塑性（可重新塑性）塑料。一开始，这种新型、耐用的材

大事年表

公元前 3500 年	1900 年	1907 年	1922 年
古埃及人使用"天然塑料"玳瑁壳制造梳子和手镯	认识到聚合物的存在	第一种全合成塑料酚醛树脂开启塑料时代	赫尔曼·施陶丁格提出塑料由长链分子构成

料被认为是由短链分子密集聚集形成的。到了 20 世纪 20 年代，德国化学家赫尔曼·施陶丁格提出"大分子"的概念，并推断塑料其实是由聚合物长链（参见第 14 页）构成的。

塑料时代 20 世纪 50 年代，使用最广泛的塑料制品——聚乙烯塑料袋登上历史舞台。塑料时代终于到来了。很快，薯片和其他食品都开始装进塑料袋中出售，意味着整个星期的购物"战利品"都可以装在塑料袋中拿回家。

聚乙烯的合成工艺是英国帝国化学工业公司（ICI）的科学家在 1931 年偶然发现的。在高压下加热乙烯气体，生成的便是乙烯的聚合物：聚乙烯。乙烯是原油的一个裂解产物（参见第 58 页），因此大多数聚乙烯其实是石油化工产品。不过，乙烯（自然也包括由它制成的聚乙烯）也可以用可再生资源生产。比如，利用甘蔗之类的植物生产的乙醇，再经过一步化学转化便可得到乙烯。

大多数聚乙烯塑料袋由低密度聚乙烯制成，后者在高压下制成，所含的聚合物链多为直链；而高密度聚乙烯则是在低压下制得，含有一些

天然塑料

性质有些类似塑料的天然材料有时被称为天然塑料。比如，动物的角和玳瑁壳都像塑料一样，能够通过加热后用模具制成想要的形状。当然，这些材料与我们平时所说的塑料成分并不相同，它们主要由一种称为角蛋白的蛋白质构成，这种蛋白质还存在于我们的头发和指甲中。不过与塑料类似，角蛋白是一种包含很多重复单元的聚合物。现如今，由于买卖很多此类材料是违法的，曾被用于制造梳子和其他发饰的玳瑁壳几乎已经全部被合成塑料所取代。第一种玳瑁壳的替代品是赛璐珞，它是一种发明于 1870 年的半合成材料，还可以替代象牙用来制造斯诺克台球。但它很容易着火，因而很快就被易燃性稍低一些的"安全赛璐珞"所取代。现如今，新型塑料（比如聚酯）成了玳瑁壳的替代品。

1931 年	1937 年	1940 年	20 世纪 50 年代	2009 年
聚乙烯偶然被发现	聚苯乙烯商业化	英国开始生产聚氯乙烯	聚乙烯塑料袋出现	波音 787 飞机含有 50% 的塑料

支链分子，会形成较为僵硬的材料。

耐久性带来的灾难 一开始，飞速增长的塑料制品对环境的影响并没有引起太多关注。那时认为塑料的化学性质不活泼，它们可以使用很长时间，而且貌似不会与环境中的任何东西发生反应。这种观点使得大量塑料废弃物被扔进垃圾填埋场和海洋中。在北太平洋就有一个主要由塑料构成的超级巨大的"垃圾漩涡"。据估计在这一海域，每平方公里的海面上含有大约 75 万件微塑料，这些塑料颗粒会让鱼类误以为是浮游生物。

很多塑料是生物不可降解的，随着时间的推移，它们只会碎裂成小碎片或者微塑料。在陆地上，这些微塑料会卡住鸟类和哺乳动物的消化道。聚乙烯属于最不易生物降解的塑料，由甘蔗制成的所谓"绿色聚乙烯"也是一样（参见对页"生物塑料"）。不过，化学家和微生物学家正开始将关注点转向可生物降解塑料。

吃塑料的微生物 聚乙烯喜欢在环境中"赖着不走"的原因是它不能被微生物降解。这是因为它只含由碳氢构成的分子链，不含任何微生物喜欢"食用"的化学基团。微生物"喜欢"含有氧的基团，例如羰基（C=O）。利用加热和催化剂，或利用阳光对其进行氧化，是一种让聚乙烯变得易于微生物消化的方法。但另外一种更为简便的方法是寻找并不那么"挑食"的微生物。

微生物学家已经发现了一些细菌和真菌能够制造出降解或者"食用"塑料的酶。其中一些确实能够在聚乙烯表面生长，并把它作为新陈代谢反应的碳资源。2013 年，印度科学家宣布他们在阿拉伯海发现了三种不同的海洋细菌，能够在不事先氧化的情况下降解聚乙烯。其中效果最好的是一种枯草杆菌的亚种，它通常生活在土壤和人类消化道之中。印度每年会消费 1200 万吨的塑料产品，同时每天产生 1 万吨的塑料废物。

生物塑料

　　"生物塑料"一词存在歧义。有时它指的是用可再生材料制造的塑料，比如植物纤维素，也许称之为"生物基塑料"更为合适；另外一些时候它指的是可生物降解塑料。聚乳酸则既是由植物材料制成，同时也是可生物降解的。但并非所有生物基塑料都是可生物降解的，比如聚乙烯可以用植物材料为原料进行生产，但它却属于最不可生物降解的塑料之一。

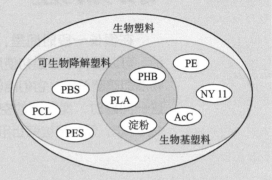

PBS：聚丁二酸丁二醇酯；PCL：聚 ε - 己内酯；
PES：聚醚砜；PHB：聚羟基丁酸酯；PLA：聚乳酸；
PE：聚乙烯；NY 11：尼龙 11；AcC：醋酸纤维素

　　然而，薯片包装袋常常不能回收的原因是它们含有一层为了隔绝氧气、提高保鲜能力的金属膜。因此，如果你不把它们剪开，废物利用做成时尚衣物，那你只能将它们送往垃圾填埋场。薯片包装袋最常使用的塑料是聚丙烯。1993 年，意大利化学家发现通过添加乳酸钠和葡萄糖可以让细菌在聚丙烯上生长。理论上讲，我们可以让微生物吃掉我们的薯片包装袋以及其他塑料废品。但最为有效的方法还是减少塑料袋的用量。

多用途的聚合物造成
污染问题

41 氯氟烃

　　在很长一段时间里，氯氟烃（CFC）一直被认为是安全的，可以替代冰箱最初使用的那些有毒气体作为制冷剂。但这类物质却暗藏杀机：它们能够破坏臭氧层。而等到人们完全认识到这一问题时，臭氧层的空洞已经变得有一个大洲大小。最终在1987年，氯氟烃被禁止用于商业。

　　冰箱进入家庭还不足一个世纪，却已经成为日常生活中不可或缺的必备品。这个在厨房一角低声嗡嗡响的"大箱子"不但让我们可以在炎炎夏日里随时喝到冷饮，还激发了大厨们的灵感，创造了诸如巧克力冷冻蛋糕这样的美食。2012年，英国皇家学会将冰箱列为食品发展史上最重要的发明。

　　不过，虽然冰箱避免了每天都去采购食物的麻烦，却也经常会让食物躲在角落里直到变质才被发现。但如果烂掉的不仅仅只是几片生菜叶子，还有一个大洲大小的臭氧层空洞，我们又该如何应对呢？

　　我们现在已经清楚导致臭氧层空洞的气体是氯氟烃。它们在20世纪早期被开发出来，用以替代一些有毒气体作为制冷剂。在那之前，冰

大事年表

1748 年	1844 年	1928 年	1939 年
第一次演示制冷技术	约翰·戈里制成一台"制冰机"	为制冷机开发氯氟烃	美国出现第一台双门冰箱

氯氟烃是如何破坏臭氧层的？

在阳光照射下，氯氟烃分解释放出氯自由基，它可以看作是自由的氯原子。由于含有未成对电子（"悬挂键"），它的反应活性很强，会引发一个链式反应，从臭氧分子（O_3）中夺走一个氧原子，并与之形成一个由氧和氯构成的化合物。这个化合物随后会分解再次释放出氯自由基，并继续破坏下一个臭氧分子。溴也会发生类似的反应。在南极洲的冬天，阳光很少甚至几乎没有，因此只有当春回大地，阳光再次照耀南极大陆时，这些反应才会发生。在其他季节里，氯氟烃中的氯则被禁锢在冰云中的稳定分子内。臭氧分

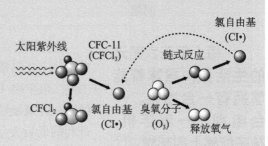

子在阳光作用下也会自然分解，但又会以相似的速率重新结合。但当氯自由基存在时，它将平衡引向臭氧分解方向。

箱使用的制冷剂包括甲基氯、氨以及二氧化硫等有毒气体。如果在封闭空间中吸入这些气体会非常危险，因此制冷剂泄露有可能会致命。然而始料未及的是，这些含氯的氯氟烃分子会在阳光照射下分解，释放出破坏臭氧层的氯自由基（参见本页"氯氟烃是如何破坏臭氧层的？"）。

解决制冷 很多历史文献都将发生在 1929 年俄亥俄州克里夫兰一家医院中的甲基氯爆炸事故看作是促使开发无毒制冷剂的诱因。但实际上，在那场灾难中遇难的 120 人应该是死于吸入了 X 光片着火后生成

1974 年	1985 年	1987 年
发现氯氟烃消耗臭氧层的机理	在南极上空发现臭氧空洞	《蒙特利尔议定书》就减少消耗臭氧层物质的使用达成一致

的一氧化碳和氮氧化物，而不是甲基氯。但不管怎样，化学工业界因此清楚认识到使用有毒气体作为制冷剂的危害，进而开始着手解决这一问题。

> **每人每天六美元的生活费，意味着能够拥有一台冰箱、一台电视、一部手机，孩子能够上得起学。**
>
> ——比尔·盖茨

在克里夫兰事故发生的前一年，通用汽车公司的一位研究人员小托马斯·米奇利制出了一种无毒、含氯的化合物，二氟二氯甲烷（CCl_2F_2），简称"氟利昂"。这是人类合成出的第一种氯氟烃，但它直到 1930 年才公布于世。当时，米奇利的老板查尔斯·凯特林正在寻找一种新的制冷剂，它"必须不可燃，且对人体无害"。事后看来，将这项任务分配给米奇利，这位刚刚发明汽油抗爆剂四乙基铅的人，也许是个不祥之兆。

1947 年，在米奇利去世（死因可能是自杀）三年之后，凯特林写道：氟利昂正合要求，它不可燃，"对人畜完全无害"。在某种意义上讲，这是正确的：如果人或动物接触了它，它并不会造成直接伤害。而凯特林这样写也是有根据的，他特别提到实验室中用于测试的动物在吸入这种气体之后，没有一只出现异常。而米奇利为了展示这种气体的安全性甚至不惜亲自吸入它：他在一次做报告时，吸了一大口这种气体。因此，氟氯烃就被用作新的制冷剂，而早亡的米奇利并没能看到他的这项研究对后世造成的影响。

捅了大娄子 1974 年，正当双门冰箱大行其道并被黑森林蛋糕、北冰洋卷之类的冷食填满的时候，一篇论文首次指出了氯氟烃的"副作用"。论文的作者是加州大学的两位化学家，弗兰克·罗兰和马里奥·莫利纳。他们在论文中指出，除非立刻禁止使用氯氟烃，否则为我们遮挡了太阳光中大部分有害紫外线的臭氧层，在 21 世纪中叶之前会被消耗掉一半。

不出所料，那些靠这类制冷剂赚钱的化工厂商对这篇文章的结论纷纷表示"惊诧"。那时，还没有证据表明氯氟烃已经对臭氧层做出了任何实质性的破坏。罗兰和莫利纳只是描述了一个机理。许多人依然对这一想法表示怀疑，并强调如果禁用氯氟烃可能会在经济上产生严重后果。

结果又花费了十年时间才获得有关臭氧层空洞的结论性证据。英国的南极观测站自 20 世纪 50 年代后期就开始监

> ## 现状如何?
>
> 从 20 世纪 70 年代末到 90 年代初，臭氧空洞显著增大。在那之后，随着《蒙特利尔议定书》的签订，它的平均面积到达顶点，并最终开始减小。2006 年 9 月它的面积达到最大时，大约有 2700 万平方公里。由于消耗臭氧层的物质在大气中寿命很长，根据美国国家航天航空局的科学家的预测，可能得到 2065 年，空洞的面积才会缩到 20 世纪 80 年代的大小。

测南极上空大气中的臭氧，到 1985 年科学家已经获得了足够的数据可以确认臭氧的浓度一直在下降。而卫星数据则显示臭氧空洞已经扩大到整个南极大陆大小。数年之后，全球多个国家批准了《关于消耗臭氧层物质的蒙特利尔议定书》，这份议定书制定了淘汰氯氟烃的时间表。

那么现在的冰箱使用什么制冷剂呢？一些生产厂商用氢氟烃（HFC）替代了氯氟烃。由于氯是"罪魁祸首"，不含氯的氢氟烃自然是一个容易想到的替代物。然而在 2012 年，马里奥·莫利纳参与署名的一篇论文指出了另外一个问题：氢氟烃虽然不会破坏臭氧层，但其中的一些成员却是比二氧化碳强上千倍的温室气体。2014 年 7 月，《蒙特利尔议定书》的签约国连续第五年讨论是否应该将议定书的范围扩展到氢氟烃。

一段化学物质警示录

42 复合材料

当两种材料更好用时，谁还会只用一种？将不同的材料相互结合能够生成具有非凡性能的复合材料，比如耐受几千度的高温或者吸收子弹的冲击力。先进的复合材料还在保护着宇航员、士兵、警察以及易碎的智能手机。

1968 年 10 月 7 日，阿波罗计划的首艘载人飞船从佛罗里达州肯尼迪空军基地发射升空，开始为期 11 天的紧张的太空飞行。这次飞行的主要目的是检验飞船成员与任务控制中心之间的联系。而就在前一年，三名宇航员死于一次载人阿波罗任务的地面实验。但后续的阿波罗飞行任务基本都成功了，不但将人类首次送上了月球，还将任务成员都安全地送回了地球。

阿波罗指令舱的一项关键的安全措施是它的隔热罩。当 1970 年 4 月 "阿波罗 13 号"飞船因爆炸受损，使得飞船成员只能利用有限的动力返航时，他们的最终命运就寄托在了隔热罩上。在飞船再入地球大气层之前，没有人知道隔热罩是否完好无损。如果没有它的保护，吉姆·洛弗尔、杰克·斯威格特、弗莱德·海斯会被烤焦。

在基质中　阿波罗任务指令舱上的隔热罩由复合材料制成，它的工

大事年表

1879 年	1958 年	1964 年	1968 年
托马斯·爱迪生通过烘烤棉花制备碳纤维	罗杰·培根展示第一种高性能碳纤维	斯蒂芬妮·克沃勒克开发出芳族聚酰胺纤维	阿波罗任务指令舱在载人飞行中使用复合材料

凯夫拉

凯夫拉纤维有多种类型或等级，其中一些更为强韧。关于这种材料的用途，我们最常听到的是用作轻质防弹材料中的增强物，不过它也可以用在船身、风力发电机甚至智能手机外壳中。从化学上看，凯夫拉与尼龙相差不大，都含有重复的酰胺基（结构见右图）。事实上，斯蒂芬妮·克沃勒克在发明凯夫拉时，正在杜邦研究尼龙。不过由于尼龙中的聚合物链是卷曲的，它无法形成如此稳定的层状结构。而在凯夫拉纤维中，每条聚合物链上的酰胺基团都能形成两个强的氢键，将它与另外两条链相连。而且这种情况会沿着每条链的延伸而重复，最终形成了具有很高强度的规则结构。但与此同时，这种结构

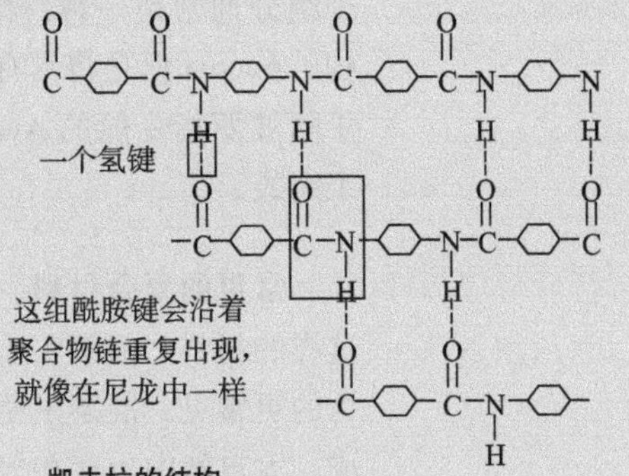

一个氢键

这组酰胺键会沿着聚合物链重复出现，就像在尼龙中一样

凯夫拉的结构

也让这种材料变得很坚硬，因此防弹衣虽然可以救人性命，但穿起来却不会舒服。

作原理称为"烧蚀"，即通过缓慢燃烧，带走热量，以保护飞船不受损。这种特别的复合材料称为低密度碳化烧蚀材料，简称 Avcoat。虽然在阿波罗项目之后它再也没被用于太空飞行，但美国国家航天航空局已经宣布计划用它制造下一代"猎户座"载人飞船的隔热罩。

与其他复合材料一样，Avcoat 的特性（比如可耐受几千度的高温）来自于各种材料的组合。也就是说，由不同材料组合而成的超级材料，

1969 年
F-4 喷气式战斗机使用硼 - 环氧树脂制成的方向舵

1971 年
杜邦将凯夫拉纤维推向市场

2014 年
装备有 Avcoat 复合材料隔热罩的"猎户座"飞船首次测试飞行

其性能要优于构成材料性能的总和。很多复合材料包含两种主要成分，一种称为"基质"，通常是某种树脂，用作其他组分的粘合剂；另外一个组分通常是一种纤维或者碎片，用于增强基质，使其获得强度和结构。Avcoat 便是将具有蜂窝结构的玻璃纤维嵌入一种树脂后制成的。用于阿波罗指令舱的 Avcoat 含有 30 万个"蜂窝"，其充填过程完全由手工完成。

常见的复合材料　可能很多人会认为日常生活中很难见到像 Avcoat 这样的材料。但事实上，复合材料不只用于太空飞行，它比大多数人认为的更常见。混凝土便是一个很好的例子，它由沙、石子和水泥复合而成。大自然中也存在天然复合材料，比如骨头便是由羟磷灰石和胶原蛋白构成的复合材料。材料学家正在尝试模拟骨头的结构开发新型复合材料，比如具有潜在医学用途的纳米结构材料。

> **"我想，这种材料有点与众不同，也许会非常有用。"**
>
> ——斯蒂芬妮·克沃勒克
> 谈及发明凯夫拉

碳纤维和凯夫拉有可能是最著名的复合材料。所谓的碳纤维其实是指坚硬的碳质细丝，它为高尔夫球杆、F1 赛车和假肢带来了强度。这种材料由罗杰·培根在 20 世纪 50 年代发明，它构成了第一种高性能复合材料（混凝土则早在一个世纪前就得到了广泛应用）。培根称这种细丝为碳"胡须"，它的强度要比钢强一二十倍。我们通常所说的"碳纤维"其实指的是碳纤维增强聚合物，它可以通过将碳"胡须"加入到环氧树脂之类的粘合材料中制得。

几年之后，杜邦公司的化学家斯蒂芬妮·克沃勒克发现了芳族聚酰胺，杜邦公司为其申请了专利，并在 20 世纪 70 年代以"凯夫拉"的商品名将其推向市场（参见第 167 页"凯夫拉"）。克沃勒克是在研究制造轮胎的材料时发现了这种防弹纤维，它比尼龙还要强韧，而且可以保证拉伸时不断裂。凯夫拉的强度与它非常规整、完美的化学结构有关，这一结构使得聚合物链之间形成了规则的氢键（参见第 18 页）。

带它飞翔 像碳纤维这类高性能复合材料不仅见于航天器，一架现代飞机甚至可被认为是由不同复合材料"拼凑"起来的。波音 787"梦幻客机"机身的 50% 由先进的复合材料构成，其中大部分为碳纤维增强塑料。与传统的铝合金飞行器相比，这些轻质材料能使其总重量减轻 20%。

> ## 自愈材料
>
> 想像一下，如果飞机机翼可以自己修复裂缝，那该有多么神奇。复合材料经常被讨论的一项应用便是用于自修复材料。美国伊利诺伊大学香槟分校的研究者正在研究一种纤维增强复合材料，其中含有充满自修复剂的管道。材料一旦受损，这些管道便会释放一种树脂和一种硬化剂，两者一旦混合就会将受损处封住。另外在 2014 年，他们还报告了一个可以通过这一途经重复自愈的系统。

"瘦身"对于地面交通工具来说，同样能带来优势。2013 年，总部位于美国弗吉尼亚州林奇堡的 Edison2 公司推出了它的第四代超轻型车 VLC 4.0。这款车外观看起来像一架白色微型飞机，由钢、铝合金和碳纤维制成。它的重量只有 635 千克，仅相当于普通家用轿车重量的一半，比一辆 F1 赛车还轻。

经过十年的研发，美国国家航天航空局的"猎户座"飞船已经准备好进行第一次无人测试。之后的载人飞行就要像早期的阿波罗飞船一样将依靠指令舱的 Avcoat 隔热罩来保证安全。"猎户座"的隔热罩直径达五米，将成为有史以来最大的一个。不过它的制造过程必须"重新发现"，因为当初的一些原材料现在都找不到了。尽管如此，在半个世纪之后，Avcoat 仍旧被认为是最适合这项工作的材料。

一加一远远大于二的材料

43 太阳能电池

目前，大多数太阳能电池板都是由硅制成的，但科学家正在努力改变这一情况。他们希望找到一些更廉价、更"透明"的材料，也许会是一种复合材料。更妙的是，它还有可能被制成可喷涂的涂层，能够喷在任何玻璃的表面上。想象一下吧，依靠窗户就能运行的暖气该是多么奇妙！

想象一下这样一个情景：你刚刚买了一套新房，正在为装修做"艰难的决定"。浴室要用什么样的瓷砖？是装个普通的水龙头，还是奇特一点的？甚至连窗户都有这么多的选择！好不容易决定要选双层玻璃窗，可太阳能涂层又是什么鬼东西？！装修公司的人会告诉你，如果你选装太阳能涂层，供应商会在你家窗玻璃上喷上一层完全透明、可吸光的材料，然后你的窗户就可以发电并卖给国家电网，这样你可以省下将近一半的暖气费。至于你的窗户，它们与普通窗户看上去没有任何不同。这是不是有点太过于科幻了？

没错，这还只是一个梦想。目前，在太阳能电池研究方面，我们还在努力解决一些难题，比如怎样最大限度从阳光中获得能量，以及如何降低材料费用，也就是效率与成本问题。但可喷在窗户玻璃和其他家用物品表面上的太阳能涂层也并非遥不可及，很多相关的工作正在实验室中进行。

大事年表

1839 年	1939 年	1954 年	1958 年
埃德蒙·贝可勒尔发现光电效应	拉塞尔·奥尔发现 PN 结	贝尔实验室的科学家发明硅太阳能电池	第一颗装配有太阳能电池阵列的人造卫星（"探索者 6 号"）发射升空

基于染料的太阳能电池

在光合作用中，光会被一种天然染料叶绿素吸收，叶绿素随后被激发，并以电子的形式传递这种激发态，最终通过一系列的化学反应，将光能转化为化学能（参见第146页）。1991年，瑞士化学家迈克尔·格雷策尔发明的染料敏化太阳能电池也使用了相同的原理。所谓"染料敏化"指的是染料分子让电池对光敏感。这些染料分子通过化学键包附在电池中的一块半导体材料上。当染料分子吸收阳光之后，它的一些电子被激发并"跃迁"到半导体层，随之被导走并产生一个电流。科学家已经用类似于植物染料叶绿素的卟啉进行了测试。其中感光性最好的是那些含有过渡金属钌的染料。不过钌是一种稀有金属，因而难以可持续地被用于制造太阳

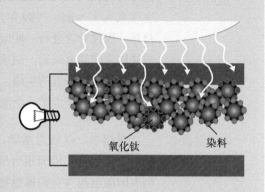

氧化钛　　　　　　　　　染料

能电池板，而且其光电转化效率也不高。但在2013年，格雷策尔在瑞士联邦技术研究院的研究小组利用perovskite材料将染料敏化太阳能电池的效率提高到了15%。

从硅开始　目前，安装在建筑物或者太阳能发电站中的太阳能电池板大多是由硅制成的。这一点也不奇怪，由于硅在计算机芯片中的广泛应用，我们对这种材料的化学及电气性能可谓了如指掌。1954年，贝尔实验室宣布他们制成了第一块太阳能电池（他们还开发出了三极管以及对于计算机芯片制造极为关键的蚀刻技术，参见第94页），其光电转化效率大约有6%。它很快被用在了人造卫星上。

1960年	1982年	1991年	2009年
Silicon Sensors 公司开始生产硅太阳能电池	第一座兆瓦级太阳能电站投产	迈克尔·格雷策尔和布赖恩·奥里甘报告第一块基于染料的太阳能电池	Perovskites 首次用于制造太阳能电池

光电效应，最早由法国物理学家埃德蒙·贝可勒尔在 1839 年发现，但对它的深入研究则紧紧地与贝尔实验室以及化学家拉塞尔·奥尔的名字联系在了一起。1939 年，奥尔正在寻找可以探测短波无线电信号的材料。当他对硅进行一些电学性能测试时，无意间打开了一台位于窗户与硅柱之间的电风扇，结果发现测量到的电压信号出现了一些貌似与电扇叶片转动相一致的尖峰。经过一番思考之后，奥尔和他的同事意识到硅在见光之后产生了一个电流。

现如今，以硅为基础、性能优良的光电器件，其转化效率正在向 20% 迈进，但它依旧相当昂贵，更不可能喷在窗户玻璃上。不过随着有机太阳能电池（它们像植物一样，依靠有机分子捕捉光能，参见第 146 页）的不断发展，高效的"建筑物嵌入式光伏器件"已不再是遥不可及的梦想。这类有机太阳能电池可以做成很大、很薄的柔性薄膜，能够卷曲、折叠或者包裹在弯曲表面上。唯一的问题是，目前它们的转化效率还比不上无机的硅制光电池。

Perovskites

Perovskites 是一类含有溴、碘之类的卤素以及金属的有机/无机复合材料。目前，化学式为 $CH_3NH_3PbI_3$ 的 perovskite 材料在太阳能电池中的效果最好。但问题是它含有铅，而环保执法部门一直在努力减少这种有毒金属的使用，比如涂料中的铅在几十年前就被替换了。不过，研究者最近证明他们可以通过从旧电池中回收铅制造 perovskite 太阳能电池。

有机化　有机太阳能电池的基本结构有点像三明治，其中两片"面包"是电极层，"馅料"则由可被阳光激发的有机材料构成。紫外线可激发有机材料中的电子，并将其转移到电极产生电流。增强"三明治"内外两层所用的材料可以制出更高效的太阳能电池。比如美国科学家在 2010 年发表的一项研究表明，石墨烯（参见第 182 页）可以替代通常所用的氧化铟锡电极，效果同样良好。这两种电极都是透明的，但以碳为基础的石墨烯更受青睐，因为氧化铟锡供应有限。

2011 年，巴斯夫公司联合戴姆勒汽车公司制造了透明的有机光采集太阳能电池，装配在后者生产的电动概念车 Smart Forvision 的车顶上。但可惜的是，它所吸收的能量不足以驱动汽车，只够为制冷系统供电。阻碍有机光电池发展和应用的瓶颈问题依然是它们的效率。虽然 2016 年年初，Heliatek 公司已经将有机光电池的效率提升到创纪录的 13.2%，但还是远远比不上硅太阳能电池板。另外，它的使用寿命也是一个问题。硅太阳能电池板的使用寿命可达 25 年，而有机太阳能电池就连达到这个数字的一半都有些吃力。然而，它们几乎可以制成任何颜色，而且能够弯曲。因此，如果你对带有紫色条纹、可弯曲、使用太阳能供电、用几年就可以扔掉的电子产品感兴趣，有机太阳能电池会是你的最佳选择。

> **❝ 我会将我的钱投向太阳和太阳能，它简直是取之不尽的能源！我不希望等到石油和煤炭用光之时，我们还无法掌握它。❞**
>
> —— 托马斯·爱迪生

可喷涂太阳能　正当有机光电材料的研究还在为提高效率和寿命而努力之时，一种新材料已经粉墨登场：Perovskites（参见对页"Perovskites"）。这种有机 / 无机复合材料曾经位列《科学》杂志评选出的 2013 年十大科学突破。它的光电效率很快就达到了惊人的 16%，并在向 50% 而努力。而且它们还很容易制备，对应的表面喷涂技术也已经在开发之中。也许前面提到的"过于科幻"的窗户很快就能实现，虽然通过发电赚取一半的暖气费无疑不容易做到。

通过阳光获取电能的材料

44 药物

化学家是怎样研制药物的？灵感来自哪里？他们又怎样才能将它转化为一种有功效的化合物或者混合物？制药业的很多产品都来自于天然物质，另外一些则是在成千上万种不同的化合物中筛选出的能承担所需工作的"幸运儿"。

药物的种类实在是太多了。有些药物可以通过医生的处方购买，有些则只能在背街小巷从街头小混混那里买到；有些药物可以救命，有些则可以杀人；有些能让人兴奋，有些则让人安静；有些药物来自于真菌、毒蜗牛、罂粟或柳树皮，还有一些则完全由化学家设计合成；更有一种可用于治序中晚期乳腺癌的特效药，它基于海绵中发现的化合物，有 50 万种不同的化学形式，需要 62 个步骤合成。

来自海洋 20 世纪 80 年代早期，日本名城大学和静冈大学的科学家在东京南部三浦半岛收集了一些海绵样品。海绵是一种水生动物，它们往往会成百上千地聚集在一起形成植物或者蘑菇状外形。其中一种黑色海绵（他们总共收集了 600 千克用于实验）所产生的一个化合物激起了他们的兴趣。1986 年，他们在一份化学杂志上宣布这种化合物"表现出优异的抗肿瘤活性"。

大事年表

1806 年	1928 年	1942 年	1963 年
从鸦片中分离出吗啡	发现青霉素	与芥子气相似的一种药物被首次用于癌症化疗	苯并二氮卓（安定）上市

万艾可

西地那非，又名万艾可，是一种"5 型磷酸二酯酶抑制剂"，也就是说，它可以阻止 5 型磷酸二酯酶（PDE5）产生作用。早在 20 世纪 80 年代，辉瑞制药公司的科学家就发现 PDE5 会水解一种能够使血管舒张的化学物质，而万艾可能够阻止 PDE5 对这种物质的水解，从而使得血液可以通过舒张的血管。辉瑞制药的研究团队开发这种药物原本是想用它来治疗心脏病。1992 年，他们开始在心脏病人身上对西地那非进行测试。测试很快就得出了两个结论：首先，这种药物对于治疗高血压和心绞痛并无明显效果；其次，它对男性病人会产生一些非同寻常的"副作用"。

万艾可（西地那非）分子

在那时，如果要想发挥这种化合物的作用，除了大量采集海绵以外几乎没有别的办法，而这也正是人们一开始所用的办法。当科学家发现另外一种更常见的深海海绵也能产生同一种具有抗癌作用的化学物质之后，美国国家癌症研究院（NCI）以及新西兰国家水体和大气研究院资助了一个 50 万美元的项目，从新西兰海岸的海床上采集了 1 吨这种海洋动物，并从中提取到了不到半克他们想要的这种化合物：大田软海绵素。

更为糟糕的是，大田软海绵素看上去似乎不太可能通过合成手段获得。它是一个巨大、复杂的分子，拥有数十亿种不同的"形式"，即立体异构体（参见第 135 页）。这些异构体的原子连接次序相同，但一些

1972 年	1987 年	1998 年	2006 年
发现氟西汀（百忧解）	第一种抑制剂洛伐他汀上市	万艾可上市	辉瑞制药公司的降胆固醇药立普妥（胆固清）销售额达到 137 亿美元

化学基团的空间指向不同。

化学库 到了 20 世纪 90 年代，化学家偶然发现了一种制药的新策略。这一策略不依赖天然的生物合成（参见第 142 页）或者冗长的化学合成去获得某一特定分子，而是先生成由许多分子构成的"库"，然后按照所需活性从中进行筛选。如果需要的是一种以细胞上特定受体为目标的分子（参见本页"容易的目标？"），这一方法特别有效。利用化学库，可以同时对许多种不同的分子进行同一个测试，得到一个可以与受体结合的分子列表，然后再进一步做更为细致的筛选。

> **容易的目标？**
>
> 大多数特效药都是以细胞表面受体为目标的化学物质，比如 G 蛋白偶联受体（GPCR）。G 蛋白偶联受体是位于细胞表面的一大群受体，它们可以传递化学信使分子。超过三分之一的处方药都以 G 蛋白偶联受体为受体，包括用于消化系统疾病的善胃得（Zantac）以及用于治疗精神分裂症的再普乐（Zyprexa）。这也就是为什么药物开发者仍在每次筛选上千种候选药物，以寻找其中能够影响 G 蛋白偶联受体的。

与此同时，人们最终找到了一条用化学方法合成大田软海绵素的路线，但这条路线非常烦琐且依然无法获得足量的这种化合物。日本卫材公司开始尝试合成与大田软海绵素结构类似但简单一些的化合物，并试图从中寻找具有相似效果的分子。只要作用模式相同，即使结构不同，也可以看作是类似物。卫材公司的科学家从美国国家癌症研究院的研究中得知，原始的化合物会与微管蛋白作用，这种蛋白质能够维持细胞的结构，也是癌症生长所必需的。所以任何一种有效的类似物都必须以同种蛋白质为目标。

尽管看上去可能有点过时，但这个方法确实有效了。他们发现了艾日布林，它有 50 多万种可能的立体异构体，需要 62 个步骤合成。目前，这种药物已经获准用于治疗晚期乳腺癌。从自然界获得灵感依旧是药物行业最易成功的方法，因为大自然已经为我们完成了大部分工作。

据统计，1981—2010 年间获批的新药中有 64% 或多或少
受到了大自然的启发。大多数要么是直接从生命体中提
取，或对天然化合物加以仿制或修饰，要么就是为了与
生命体中特定分子结合而设计的。有时只需一点（或者
很多）化学的智慧就能将这些灵感变成实用的东西。

设计药物　尽管如此，还是有很多源于别处的成功
药物。万艾可（参见第 175 页"万艾可"）便是一个很好
的例子，这种失败的降压药最终成了史上最畅销的药物
之一。但如果你要寻找一个药物设计的参考起点，与这种疾病有关的
天然分子无疑是最好的选择。这些天然分子可能是病毒粒子或者人体内
功能失常的分子。而如果要寻找一种能完成特殊任务的药物，一个具有
潜力的策略是"合理设计"。通过 X 射线衍射（参见第 86 页）等技术，
有可能获得疾病分子的足够信息，从而设计出可能会与之作用的药物分
子，阻止它对身体产生伤害。而最初的一些工作可以在候选分子合成出
来之前通过计算机模拟完成。

合理设计这一策略还被化学家用来解决当今制药业所面临的最大一
个问题：耐药性。由于病菌正在以惊人的速度适应我们所使用的"化学
武器"，遏制它们的唯一办法就是找到新的进攻模式，即全新类型的药
物。另外，化学的另一个前沿领域是设计一种分子将药物输送到身体的
特定地点，而这属于新兴的纳米技术的一个研究领域。

> **❝ 希望那些勇于进取
> 的有机化学家不要白白放
> 过天然产物为我们探索医
> 学新试剂和新方向上给出
> 的独特先发优势。❞**
>
> —— 丽贝卡·威尔逊和塞缪
> 尔·达尼舍夫斯基，2007 年

通过天然或合成路线制造对抗疾病的化学物质

45 纳米技术

一位20世纪的伟大科学家曾在几十年前提出了一些关于分子操纵和微型机器的奇怪想法。而现在看来，这些想法一点不奇怪，它们恰恰准确预测了纳米技术为我们开创的崭新领域。

理查德·费曼，这位参与开发了原子弹并调查过"挑战者号"航天飞机事故的物理学家，曾在 1959 年做过一场著名演讲，关于"在微小尺度下操纵和控制物体的问题"。当时他的一些想法看似遥不可及，甚至可称为幻想。虽然费曼在演讲中没有使用"纳米技术"一词（这个词直到 1974 年才由一位日本工程师发明），但他确实谈到了移动单个原子、制造纳米机器作为微型机器医生，以及在大头针针头上写下整部百科全书。

在之后的几十年间，费曼的这些奇思妙想到底有多少变成现实了呢？比如，现在能够操纵单个分子了吗？当然可以！1981 年，扫描隧道显微镜的发明让科学家第一次窥探了原子和分子世界。之后在 1989 年，IBM 公司的唐·艾格勒发现可以用这种显微镜的针尖探头推动原子，并使用 35 个氙原子拼出了"IBM"一词。那时，纳米科学家还拥有了另一样利器：原子力显微镜。而埃里克·德雷克斯勒也已经写出了那本有关

大事年表

1875 年	1959 年	1986 年
发现宝石红色的（纳米结构）胶体金	理查德·费曼发表《底下的空间还大得很》的演讲	原子力显微镜发明

纳米技术的极具争议的书：《造物引擎》。纳米科技真的来到了。

小尺寸，大作用 现如今，从扑面粉到手机，已经有成千上万的商品包含纳米尺寸的材料。而这种材料潜在的用途涵盖了从卫护产品、可再生能源到建筑业在内的几乎所有工业领域。但纳米材料并非人类的发明，纳米尺寸的材料在我们发现它们之前就已经存在很久了。

> **❝我不怕去思考这样一个终极问题，即最终我们能否做到随心所欲地排列原子。❞**
>
> —— 理查德·费曼

纳米粒子，顾名思义是非常小的粒子，它们的尺寸通常在 1—100 纳米之间（1 纳米等于 10^{-9} 米）。这已经进入原子和分子的尺度，也是化学家最为熟悉的尺度，因为他们大部分时间都在思考原子和分子以及它们在化学反应中的行为。在大多数物质中，原子相互聚集形成"大块"宏观物质。不过，一大块金子中的金原子与一个可能只包含几个原子的金纳米粒子在性质上也许完全不同。金子可以在实验室转化为金纳米粒子，但也有很多物质在自然界中就以纳米尺寸存在，比如富勒烯。

富勒烯（参见第 110 页）又称足球烯、碳 60，是一种由 60 个碳原子构成的直径大约 1 纳米的球状分子。它的发现可以说是纳米科学历史上的一个里程碑，但它完完全全是天然的。它可以在蜡烛的油烟中生成，当然也可以在实验室中合成。其实在一个多世纪前，科学家就已经在不知不觉间制造出了纳米粒子。19 世纪的化学家迈克尔·法拉第曾用金胶体做过实验，但他并不知道这种被用于玻璃着色的金粒子是纳米尺寸的。这一点直到 20 世纪 80 年代，纳米技术时代到来之后才被弄清。

1986 年	1989 年	1991 年	2012 年
埃里克·德雷克斯勒出版《造物引擎：即将到来的纳米科技时代》一书	唐·艾格勒操纵单个氙原子拼出"IBM"字样	发现碳纳米管	宣布制成由单个磷原子构成的三极管

碳纳米管器件

碳纳米管是由碳构成的微小管状物，它能够导电并具有难以想象的强度。它可以取代硅用于制造电子器件，并且已被用于制造集成电路中的三极管。2013 年，斯坦福大学的研究人员制造出了一台简单的计算机，它的处理器由 178 个含碳纳米管的三极管制成。这台计算机只能同时运行两个程序，计算能力只相当于英特尔最早的微处理器。采用碳纳米管制造三极管存在一个问题，它们并非完美的半导体材料，有些会形成"会漏电"的金属碳纳米管。一个美国的研究小组发现将氧化铜纳米颗粒沉积到碳纳米管中有助于增强它的半导体性能。

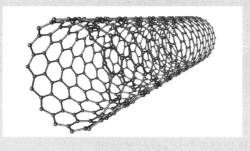

尺寸很重要 不过，绝不能就此否认纳米技术是一项令人兴奋的新科技，也不能想当然地认为纳米材料只不过是同一种材料的"小号版"，因为它们真的不一样。纳米尺寸的物质与大块尺寸的表现并不相同。或许最明显的一点是，尺寸越小的粒子或者材料，它的比表面积就越大。如果要用它们做化学，这一点就特别重要。更为奇特的是，它们的表现甚至样子也会不一样。比如，金纳米粒子的颜色就与它们的尺寸有关。法拉第所用的金胶体便不是金色的，而是宝石红色的。

这种奇怪的特性可能会非常有用（比如金胶体从古时起就被用于染玻璃），但同时也可能会带来问题。银纳米粒子已经越来越广泛地被用于抗菌绷带中，但人们还没有弄清它们随着水流进入环境之后对环境产生的影响。当这些粒子越聚越多之后，又会产生什么后果呢？

明日幻想 与此同时，科学家正在继续研究如何通过自下而上的方法（参见第 98 页）制造纳米尺寸的物体和器件。一个前途无限的领域正在逐步展开，不只有纳米粒子，还有纳米机器。那么这些微小的机器真能如费曼所想象的那样为医学带来革命吗？他在 1959 年的演讲中曾讲到："在外科手术中若病人能将'医生'吞进肚子里，那将会非常有趣。将机器医生注入血管中，让它们随着血流进入病人心脏，然后进行检查。"费曼的纳米医生也许还未成真，但这并不能说明它们只是幻想。科学家已经开始研究能够将药物送往患病细胞，同时避免接触健康细胞的药物输送纳米机器。

其实，我们并不需要在科幻世界中寻找纳米技术，它早已在现实世界中得到了应用。三星公司已经开始用纳米结构材料制造手机屏幕。人们还利用纳米技术制造出了更好的催化剂，用于处理燃油、降低车辆废气排放。而含有二氧化钛纳米颗粒的防晒霜也已经使用了多年，尽管最近它的安全性受到了质疑。

那么在一个大头针针头上写下整部百科全书的事情又怎么样了呢？没问题。1986 年，来自加州理工学院的托马斯·纽曼将狄更斯的《双城记》中的一页蚀刻到一片六千分之一毫米见方的塑料片上，这使得正好可以在两毫米见方的大头针针头上放下一整部大英百科全书。

DNA 快递员

纳米尺寸的构筑材料既可以完全由人工合成，也可以是天然的。天然材料往往具有更好的生物相容性，因为生物体已经认识它们，从而不太会对其产生排异。这也是为什么一些科学家正在研究利用 DNA 输送药物。比如，科学家已经可以将药物分子包裹进 DNA 笼中并锁上一把只有正确的"钥匙"（比如癌细胞表面的识别分子）才能打开的"锁"。

小尺寸，大影响

46 石墨烯

谁会想到，用于制造铅笔芯的黑乎乎的石墨中竟然包含一种超级材料，它强韧、轻盈、柔软，而且导电，几乎让其他所有材料相形见绌。谁会想到，把它从石墨中提取出来竟会如此简单！谁又会想到，它可能会永远改变我们的手机。

2010 年诺贝尔物理学奖获得者之一安德烈·海姆将获奖演说题为"随机漫步至石墨烯"。他承认，这些年来，自己做过很多不成功的项目，而之所以选择这些项目往往是出于某种程度的随机性。在斯德哥尔摩大学所做的这场演说中，海姆提到："在过去大约十五年里，我做过二十多项实验，而不出所料，其中大部分都以失败告终。但有三项获得了成功，它们分别是悬浮、壁虎胶带以及石墨烯。"在这三项之中，悬浮和壁虎胶带听起来比较炫，但在科学界掀起风暴的却是石墨烯。

石墨烯，常常被称为"超级材料"，是第一种被发现的新一代"纳米材料"，也是最令人激动的一种材料。它还是已知的唯一一种由单层原子构成的物质。这种完全由碳构成的材料是世界上最轻、最薄却最强韧的材料。据计算，用一米见方的石墨烯（记住它只有一个碳原子那么厚）做成的吊床，其强度和韧性足以承受一只猫的体重，而它的重量只相当于猫的一根胡须。而且这张吊床还是透明的，这会让猫咪看上去像

大事年表

1859 年	1962 年	1986 年
本杰明·布罗迪发现"石墨化炭黑"，也就是现在所知的石墨烯氧化物	乌尔里希·霍夫曼和汉斯-彼得·伯姆在透射电镜下发现非常薄的石墨烯氧化物片段	伯姆引入"石墨烯"一词

是悬浮在空中。另外，它的导电性要比铜还好。根据一些最大胆的设想，在未来用石墨烯制成的能够快速充电的"超级电容器"将淘汰所有电池，而这将补上手机的最后一块短板，也能让电动汽车在几分钟内充满电。

电子产品的未来　由于其他一些科学家也知道石墨烯的存在并差点得到了它，海姆不能宣称是自己发现了这种超级材料，但他和另一位诺贝尔奖共同获得者康斯坦丁·诺沃肖洛夫找到了一种可行的（即使不是商业上可行的）用石墨制取石墨烯的方法。先找一大块石墨（参见第 110 页），然后用胶带从其表面揭下一层石墨烯。石墨这种常用来制造铅笔芯的材料其实就是无数层石墨烯通过层与层之间比较弱的相互作用而形成的堆积体。只要使用胶带，就有可能将其表层的石墨烯揭下来。不过，海姆和诺沃肖洛夫一开始这样做只是为了清洁石墨，而在仔细观察了这些胶带之后他们才意识到这一点。

尽管对于究竟是谁首先分离出了石墨烯还无法确定，但毫无疑问，这两位作者在 2004 年和 2005 年发表的论文极大改变了科学家对于这种材料的认识。在那之前，一些研究者甚至不相信这种只含有一层碳原子的材料能够稳定存在。他们在 2005 年的工作展示了石墨烯具有异乎寻常的电气性能，这吸引了很多关注。人们开始纷纷讨论起石墨烯三极管以及柔性电子器件（比如可弯曲的手机和太阳能电池）。

2012 年，来自加州大学洛杉矶分校的两位研究者宣布他们成功地用

> " 石墨烯在我们眼皮底下存在了好几个世纪，但我们一直未能真正认识它。"
>
> —— 安德烈·海姆

1995 年	2004 年	2013 年
托马斯·埃布森和日浦英文设想基于石墨烯的电子器件	安德烈·海姆和康斯坦丁·诺沃肖洛夫公布一种由石墨制取石墨烯的方法	马希尔·卡迪和理查德·卡纳公布一种利用 DVD 刻录机制造基于石墨烯的超级电容器的方法

石墨烯网球拍

电子器件不是石墨烯全部的应用。一种比钢强韧三百倍且一平米重量小于一毫克的材料必有大用。可能就是由于这个原因，体育用品生产商 HEAD 在 2013 年宣布将石墨烯嵌入新一代网球拍的拍柄。诺瓦克·德约科维奇赢得当年澳网冠军时所使用的就是这种球拍。当然，谁也说不清小德的这个冠军是否与石墨烯有关，但这无疑成功推销了这种球拍。

石墨烯制造出了微型超级电容，也就是体积小、寿命长、能够在数秒时间内充满的电池。研究生马希尔·卡迪发现将一块石墨烯充电仅数秒钟之后，它就可以让一只灯泡点亮至少五分钟。他和他的导师理查德·卡纳很快就发现能够利用 DVD 刻录机的激光来制备他们所用的这种器件，他们还计划扩大生产规模以便让这种微小的供电源能够用于从微处理器到医学植入体（比如起搏器）在内的各种电器。

石墨烯三明治 石墨烯之所以具有如此优良的导电性，是因为它那平面蜂窝状结构中的每一个碳原子都有一个自由电子。这些自由电子能够在平面中自由流动，充当电荷载体。如果说这还有什么问题的话，那就是它的导电性太好了。芯片制造商用来制造计算机芯片的半导体材料（比如硅，参见第 94 页）之所以有用，是因为它们在一定条件下能够导电，但在另外一些条件下不会导电，也就是说，它们的导电性可以控制。因此，材料科学家正在研究对石墨烯进行掺杂，或者将它与其他超薄材料制成"三明治"结构，从而得到导电性更加可控的材料。

石墨烯面临的另外一个问题是大规模生产过程复杂且不便宜。从石墨块上一层层剥离的方法显然不具备可操作性。况且，材料科学家还希望最好能获得大张的石墨烯。另外一种更为成功的方法是化学沉积法。具体来讲，就是让气态碳原子"粘"在一个表面上形成一个单分子层，但这一过程需要特别高的温度。另外，一些成本较低的方法也在测试之中，包括使用工业级的"厨房搅拌器"或超声波从大块石墨上剥离石墨烯。

蜂巢结构

石墨烯的结构经常让人联想到蜂巢。在石墨烯中，所有碳原子都位于同一平面中，通过非常强的化学键相互连接。每个碳原子与另外三个碳原子成键，形成重复的六边形结构，这使得碳原子最外层四个电子中剩余的那个可以自由"游荡"。蜂巢结构赋予石墨烯惊人的强度，而自由电子则使得它可以导电。碳纳米管（参见第178页）具有非常类似的结构，就像是卷成圆筒状的蜂巢。由于石墨烯的厚度只有一层原子，而且是完美的平面结构，这与我们周围的三维材料大不相同，因而被看作是二维材料。石墨烯还有一个优势，它完全由碳构成，而碳在地球上的丰度位列第四，因而应该不会存在枯竭问题。

刚才是不是有人提到悬浮？ 石墨烯的故事说得差不多了。那么海姆另外两个成功的实验呢？某个周五晚上，他一时兴起将水倒入实验室里通电的电磁铁里，结果水悬浮了起来。他甚至还悬浮了一只待在水球中的小青蛙。壁虎胶带则是模拟了壁虎脚部具有黏性的皮肤，但它并不能像真的壁虎脚工作得那么好，因此这个想法未能流行起来。

由碳制成的超级材料

47 3D 打印

打印早已不是一件能让人感到激动的事情，但对于3D打印，我们却不能这么说，它所展现出的异常广阔的前景仍不禁让人感到激动。从塑料汽车到水凝胶制成的人造耳，几乎没有这项新技术所不能及的，航空航天工程师甚至可以用它打印火箭和飞机的金属部件。

20 世纪的工业生产采用的都是量产技术。首先设计一种你认为平均而言适合所有人的产品，然后找到一种方法大量生产这种产品。量产的汽车、量产的樱桃派、量产的计算机芯片，如此等等。

那么 21 世纪会有什么新颖的生产技术呢？批量定制便是其一。所谓批量定制是指按照客户个人需求定制商品并批量配送。因此，我们再也不必将就那些适合"一般人"（而非某个具体对象）的标准商品。比如，是不是很想不用调整控制杆就能舒服地坐到汽车座椅中去？批量定制很容易就能实现这一要求。而制造商能够满足每个人需求的法宝便是3D 打印技术。

印刷术的梦想 印刷术一直是化学家的领域。上千年前，印刷用的墨由天然材料制成，通常含有碳作为颜料。如今的印刷油墨则包含各种

大事年表

1986 年	1988 年	1990 年
查尔斯·赫尔创建 3D Systems 公司，并获得立体光刻技术的专利	3D Systems 推出第一台商业化立体印刷设备 SLA-250	斯科特·克伦普获得熔融沉积建模技术的专利

颜色的颜料、树脂、消泡剂和增稠剂。而 3D 打印机则可以"打印"从塑料到金属的所有材料。一些 3D 打印机只能打印一种材料，就像黑白打印机，而另外一些则可以在一个物体中使用不同的材料，就像能够组合不同颜色墨水的彩色打印机。

　　所有 3D 打印技术都具有一个共同的特点：先将三维物体分解为二维的截面，储存在一个数据文件中，然后根据这个文件，一层一层地构筑它们的结构。计算机辅助设计技术（CAD）可以帮助产品设计者完成复杂的设计并将它们快速打印出来，不必再费神费力地用数不清的配件来组装它们。航天工程师的终极梦想便是能够打印出一颗人造卫星。不过，3D 打印机已经创造出了一些令人难以置信的"作品"，比如人造耳、颅骨植入体（参见第 189 页"3D 打印身体部件"）、火箭发动机部件、纳米机器，以及全尺寸的原型车。

　　3D 打印墨水　可靠地打印出汽车和火箭发动机之类的物品有赖于金属打印技术的进步。美国国家航天航空局以及欧洲空间局对此特别感兴趣，后者甚至启动了一个名为 AMAZE 的项目，以研究打印火箭和飞机部件。这一技术由于采用一层一层构筑的方法，因而具有打印过程绿色环保、无任何下脚料且能够打印非常复杂的金属部件等优点。

　　3D 打印过程和"墨水"因不同技术而有所不同。目前已经有一系列不同的 3D 打印技术正在开发中，其中与传统打印技术最为接近的

> ❝可以把你的打印机想像成一台冰箱，里面装着烹饪出大师级菜品所需的全部原料。❞
>
> —— 勒罗伊·克罗宁，
> 格拉斯哥大学化学家

1993 年	2001 年	2013 年	2014 年
麻省理工学院的研究者首次将他们的设备称为"3D 打印机"	使用喷墨打印机打印 3D 结构	美国国家航天航空局宣布他们已经测试了一台 3D 打印的火箭发动机喷嘴	患有骨骼疾病的病人接受 3D 打印的颅骨植入体

打印化学物质

格拉斯哥大学的一个研究小组正致力于研究利用 3D 打印机打印微型化学仪器，然后注入反应物"墨水"以合成复杂分子。这一系统一项潜在的用途是按照药物设计者的"软件"所提供的指南，用低廉的成本按需合成药物。

是"3D 喷墨打印技术"。这一技术打印出的是一些粉末以及在层与层之间起粘合作用的粘合材料，从而可形成包括塑料和陶瓷在内的一系列不同材料。而立体光刻技术则使用一束紫外线激活树脂，将设计图样一层一层地"画入"树脂之中，使其固化成为所需的结构。2014年，加州大学圣迭戈分校的研究人员利用立体光刻技术，使用水凝胶打印出了一件具有生物相容性的装置，它具有肝脏的功能，能够感应并捕获血液中的毒素。

不过，最常用的 3D 打印技术可能还是层层堆积半熔融材料的"熔融沉积建模技术"，在打印过程中塑料在进入打印喷嘴时被加热熔融并脱离。德国工程公司 EDAG 利用改进后的熔融沉积建模技术，使用热塑性塑料制造出颇具未来感的"起源"汽车的车架。他们还声称可以使用碳纤维通过相同的过程制造出超轻超强的汽车车体。既然波音已经用碳纤维制造出它的"梦幻客机"，为什么不能来一架 3D 打印的飞机呢？

进入微小尺度 从极大到极小，3D 打印正在改变着我们设计和制造的方式。电子器件的微细加工（参见第 94 页）也是 3D 打印技术非常有前景的应用领域。目前已经能够打印电路以及锂离子电池中的微型部件。电子爱好者也能够自己快速设计和制造定制电路了。Cartesian 公司正在利用通过 Kickstarter 众筹的资金开发一种能够让用户在不同材料（包括纤维）上打印电路的打印机，以便制造可穿戴器件。

纳米技术学家也正在考察打印纳米机器的可行性。其中一项技术使用原子力显微镜的探针将分子打印到物体表面。但目前还很难控制"墨

3D 打印身体部件

2014 年 9 月，《应用材料与界面》杂志刊登了一篇论文，报道了一个由澳大利亚化学家和工程师组成的研究小组成功地用 3D 打印技术打印出了模拟人体软骨组织的材料。这种材料由塑料纤维增强的高含水量水凝胶制成。这两种成分作为液体墨水同时被打印出来，然后被紫外线硬化，从而得到一种坚韧却又有一定柔性的复合材料（参见第 166 页），非常像软骨。如果这就让你感到惊讶了，那你一定还没有听说最近有位病人移植了 3D 打印的颅骨植入体。2014 年，荷兰乌德勒支大学医学中心宣布他们利用 3D 打印技术为一位妇女替换了一大块颅骨，她的颅骨由于一种骨骼疾病而变厚并造成大脑损伤。

另外，一名在盖房时意外跌落失去半个颅骨的中国人也成功接受了 3D 打印制成的钛制新颅骨。这些进步表明，为每一位病人定制合适的植入体已成为可能。

水"的流速。一种可能的解决方案是静电纺丝，将带电的聚合物喷到带异种电荷的表面上去，还可以在表面上预制图案以控制材料附着的地方。

所以毫不奇怪，大家都对 3D 打印感到兴奋——它所提供的创意空间是无限的。而从消费者角度来看，它的优势也非常明显——不再只是量产的消费品，而可能会是一辆拥有定制座椅的碳纤维车，甚至是完美的身体部件替换品。

一层一层造出的定制品

48　人造肌肉

　　如何才能让看上去非常纤细的东西产生巨大的力量？想想环法自行车赛中那些"瘦小"的自行车运动员如何爬坡吧。其实这一切的关键在于功率重量比（即功重比），但如何才能通过人工实现这一点呢？事实上，在人造肌肉研究领域已经制出了数据更为漂亮的材料。

　　如果你曾与一名还算专业的自行车运动员聊过天，你就会发现这帮家伙都痴迷于数据。他们会持续监测自己的平均速度，计算骑行里程和爬升高度。他们会在 GPS 应用上晒自己的数据，不断去挑战"爬坡王"记录。最重要的是，他们笃信功重比。任何货真价实的骑手都知道，要想赢得环法，你的功重比必须能够达到将近 6.7 瓦每千克。

　　对于我们这些普通人来说，这意味着这名选手必须能像禽兽那样狂踩自行车，同时又必须瘦得像是二级风就能把他刮倒一样。四块奥运金牌得主布拉德利·威金斯赢得 2011 年环法冠军时便是这个样子。那时，身材瘦削的他体重只有 70 千克左右，却能释放 460 瓦的功率。（这可能听上去很惊人，但驱动一个电吹风至少需要两个威金斯。）这意味着他每千克体重能够产生 6.6 瓦的功率，也就是说，他的功重比达到了 6.6

大事年表

1931 年	1957 年	2009 年
发现聚乙烯	体重 163 千克的举重运动员保罗·安德森背举起 2844 千克的重物	凝胶肌肉利用化学反应进行无辅助"行走"

瓦每千克。

功重比 对功重比的类似"信仰"也存在于汽车工业界（一辆 2007 年产的保时捷 911 跑车的功重比能达到约 271 瓦每千克），以及人造肌肉研究领域。几十年来，材料科学家一直试图制造出能够像人体肌肉那样收缩，并且最好还能具有超高的功重比的材料和装置。到时，制造出能做鬼脸的超级机器人将不再是梦想。

按照目前的技术，如果一部机器人能够举起特别重的东西，或者能以接近声速的速度登山，它一定体型庞大以便能够产生足够的动力。但更为理想的状态是，机器人不需要占太大的地方就能产生大量的动力。（而一旦你已经花费大量努力制造出这样一部"肌肉"发达的机器人，想必你也很可能会分配一些"肌肉"让它用来做笑脸或鬼脸。）

收缩和膨胀 当然，接下来的问题就是如何制造这种微小、超能的肌肉了。毫不奇怪，这并不容易。首先，必须找到一种像肌肉一样能够快速舒张和收缩的材料，它既需要比钢还强韧，又不能太僵硬。其次，必须找到一种为这种材料提供能量的方法。对于布拉德利·威金斯来说，他倒不用愁这一点，因为他的腿部肌肉已经堆满了产能细胞，而后者的能量来源于他吃的食物和吸的空气。然而，这一套精巧的系统对于机器人来说就不灵了。

> **"尽管这种凝胶完全由合成聚合物构成，但它表现出自动运动，就像活的一样。"**
>
> —— 前田真吾及其同事在《国际分子科学学报》的论文（2010）中写道

2011 年
布拉德利·威金斯的功重比达到 6.6 瓦每千克

2012 年
用碳纳米管线制成人造肌肉

2014 年
聚乙烯肌肉的功重比达到 5300 瓦每千克

聚乙烯的力量

化学家雷·鲍曼和他的团队在 2014 年制成的人造肌肉是一条由四根聚乙烯钓线绞成的线，粗细只有 0.8 毫米。虽然这条线的材料每千克只售 5 美元，而且早在 80 年前就被发明出来，并非什么未来材料，但它收缩之后却能提起一只中等体型的狗，长度也会收缩二分之一。那么这么一条几乎看不清的钓线如何能提起 7 千克的重物？答案在于对聚乙烯所做的缠绕及弯曲处理，使得它成了一种扭力材料，能够承受更大的应力。很多人造肌肉的能量来源是电流，但聚乙烯线却会对温度变化产生响应。要想让它收缩，对其加热，而一旦冷却，它又会松弛。这种"肌肉"可以被装进管子里以使用水对其进行快速冷却。唯一的问题是，温度变化需要足够快，才能模拟出超快的肌肉收缩。

大多数人造肌肉（又称为执行器）都基于高分子材料，其中最常用的是电活性聚合物。科学家正在研究通上电流之后，形状和体积会发生变化的柔软材料。被称为弹性体的硅酮和丙烯酸纤维材料便是性能优越的执行器，其中一些甚至已经商品化。一些离子聚合物凝胶也会响应电流或者化学环境的变化而发生膨胀或者收缩。任何人造肌肉都需要一个能量源，但那些依靠电的材料往往需要持续的电力供应以保持收缩状态。

然而在 2009 年，日本研究者制造出的一小片聚合物凝胶却能够不借助外力"行走"。它所依靠的是一个经典的化学反应：别洛乌索夫 – 扎博京斯基反应（B-Z 反应）。在这一反应中，钌和联吡啶形成的配合物离子浓度在不断震荡，这影响到聚合物，使之收缩膨胀。反映在一条弯曲的凝胶上，就表现为它在"自动"运动——正如这些研究者自己所说的，"就像活的一样"。虽然它其实更像是一条毛毛虫在缓慢蠕动，但这还是会让人过目难忘。

缠绕和弯曲　更高级但也更昂贵的材料由碳纳米管（参见第 178 页）制成。在过去几年间，这些材料正在不断地接近超强、超快、超轻的顶峰。可以毫不夸张地说，它们让威金斯都相形见绌了。2012年，一个包括得克萨斯大学达拉斯分校纳米技术研究所的科学家在内的国际团队宣布，他们已经通过将碳纳米管绞成线、然后填充上蜡制出了人造肌肉。这些碳纳米管线能够举起自身重量十万倍的重物，通电之后能够在二万五千分之一秒内收缩。这些用蜡填充的"线"所具有的超强性能数据，使得它的功重比达到惊人的4200瓦每千克。这比人类肌肉纤维的功重比要高好几个数量级。

不只是为机器人

除了让机器人具备面部表情（以及抬举重物）之外，人造肌肉还有什么用处呢？其他一些想法包括人体"外骨骼"、需要精确控制的显微手术、安防太阳能电池，以及能够根据天气情况收缩或者放大的多孔服装。利用聚合物人造肌肉因温度变化而产生的收缩和舒张，可以制造能"呼吸"的织物。同样的原理还可以用于制造自动开关的百叶窗和窗帘。

碳纳米管是一类人类已知的最强材料，但它也相当昂贵，每千克的价格高达数千美元。由于深信能够找到更省钱的方案，这些研究者又重新回到设计台前。两年之后，他们宣布使用成卷的聚乙烯钓鱼线（参见对页"聚乙烯的力量"）取得了同样的成就。他们制成的这种廉价的人造肌肉可以从热源吸收能量，虽然不足1毫米粗，却能举起7.2千克的重物。这种复杂装置的功重比达到了难以置信的5300瓦每千克。布拉德利·威金斯，你成吗？！

模仿肌肉的材料

49 合成生物学

可用化学方法合成DNA的技术进步意味着科学家能够将他们设计的基因整合在一起，创造出在自然界中并不存在的生物。听起来有点过于雄心勃勃了？但有朝一日，由下而上地制造合成生物有可能真的会变得与砌砖块一样简单。

合成生物学家不遵循"菜谱"。不过他们并不是在厨房里临时拼凑，就像你在做辣豆酱时那样，而是在实验室中即兴发挥。尽管他们目前的创造还忠实于大自然的菜谱书，但他们有雄心勃勃的计划。在将来，他们计划创造出全新的合成生命，就像你做出用鳄鱼肉和毛豆做成的"辣豆酱"，谁也认出不来这是辣豆酱。

> **我们将能够写入DNA。到时我们想写些什么呢？**
>
> —— 德鲁·恩迪，合成生物学家

再造大自然　新兴的合成生物学起源于生物学家希望通过编辑生物的基因改造大自然的愿望。它的前身是基因工程，这项技术已经被证明在动物学研究中非常有用，可以帮助弄清某个基因在疾病中扮演的角色。现如今，随着DNA测序和合成技术的进步，基因工程已经能够涵盖整个基因组。

传统的基因工程只能通过改变一个基因研究它对一种动物、植物或细菌的作用，而合成生物学则可以一次修改DNA密码中上千个"字

大事年表

1983 年	1996 年	2003 年	2004 年
开发出可快速合成 DNA 的新方法聚合酶链反应（PCR）	酵母的基因组被破译	标准生物零件注册库建立	第一届国际合成化学会议在麻省理工学院召开

母"（碱基），或者引入能够转译为一整条代谢线的基因，生成生物之前从未生成过的分子。合成生物学最早取得的几项成果之一是通过改造酵母菌的基因，生产抗疟疾药青蒿素的前体。法国制药公司赛诺菲最终在 2013 年推出这种药物的半合成版，并确定目标要在 2014 年生产足够 1.5 亿个疗程使用的剂量。但即便如此，一些科学家仍然认为这只是涉及多个基因、较为复杂的基因工程项目而已——虽然令人印象深刻，但

从零开始合成 DNA

使得 DNA 合成费用大幅降低的一个重要进展是开发出一条使用亚磷酰胺单体分子的合成路线。每个亚磷酰胺单体就是一个核苷酸（参见第 138 页），除了反应活性位点被"盖子"封了起来之外，它与 DNA 中的核苷酸并无二致。在加入新的核苷酸进行 DNA 链增长之前，可以用酸将这个"盖子"除去（脱保护）。在合成过程中，第一个带有正确碱基（A、T、C、G）的核苷酸会被固定在一个玻璃珠上，新的核苷酸按照所需遗传密码顺序加入，经过脱保护和缩合逐渐形成 DNA 链。在大多数情况下，只会合成一些短链，这些短链然后再相互缩合。当然，对于合成生物学家来说，遗传密码可能完全由他们自己设计，不属于任何天然生物。"亚磷酰胺化学"目前统治了 DNA 合成工业，可以预想更快更便宜的合成方法需要另外一种化学。事实上，其他一些合成路线也是可行的，但目前都还未能实现商业化。

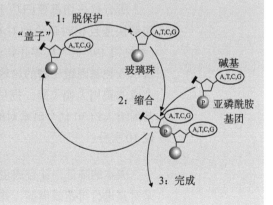

1: 脱保护
"盖子"
A,T,C,G
玻璃珠
2: 缩合
碱基 A,T,C,G
P 亚磷酰胺基团
3: 完成

危险的拼图

2006 年，英国《卫报》的记者设法在网上购买到了天花病毒的 DNA。虽然他们收到的只是天花病毒基因组的一个片段，但这家报纸认为一个资金充足的恐怖组织只需通过"按照 DNA 序列订购连续的片段，然后将它们连起来"的策略，就能复活这种已经被扑灭的病毒。DNA 合成公司目前已经开始筛选订制危险序列的订单，但一些科学家认为这还不够，他们认为这些具有潜在毁灭性危害的 DNA 序列的样品也应当被销毁。

改造程度还远远达不到"鳄鱼肉和毛豆辣豆酱"的级别。

订购 DNA 与此同时，因参与人类基因组测序而闻名的基因学家克雷格·文特尔正在研究全合成基因。2010 年，克雷格·文特尔研究所的科研小组宣布已经合成出蕈状支原体的基因组（略有修改），并植入一个活细胞体内。尽管文特尔的合成基因基本上是真实基因的一个副本，但这项工作表明可以使用纯合成 DNA 创造生命。

所有这一切都要归功于 DNA "读写"技术的进步，它使得研究者能够快速且相对廉价地对 DNA 进行测序，并通过化学方法合成 DNA（参见第 195 页"从零开始合成 DNA"）。在文特尔和其他竞争对手努力揭示人类基因组秘密的这些年里（从 1984 年到 2003 年），DNA 测序和合成的费用大幅下降。据估计，现在只需 1000 美元就能完成整个人体基因组大约 30 亿个碱基对的测序，而在合成 DNA 时，每个碱基的花费仅 10 美分。

成本的降低，让合成生物学家有机会制造出众多新有机体，以便将来对其进行再造或借鉴，并让他们能够测试这些新有机体的设计。他们甚至不需要自己去合成 DNA，只需将它们的序列发给专门的合成公司，然后很快就能通过快递收到产品。这听起来有作弊之嫌，但沿用之前辣豆酱的类比，这不过相当于购买预制的辣椒粉，而不是费时费力地亲自去采摘、晾干和碾细辣椒。

标准生物零件 合成生物学家打算用来降低劳动强度的另外一条途经是建立一个可用于装配合成生物的"标准零件库"。这项工作已经于 2003 年以"标准生物零件注册库"的形式启动。虽然名字有点恐怖，但它其实只是一个合成生物学家用来分享"已验证"基因序列的平台，目前已收集了数千条。这一设想的目的是，利用这些信息将功能已知且相容的部分像砖块一样有机地组合在一起，从零开始合成出能够生存的生物。比如，其中一块"砖"可能会转译为一种色素，而另外一块则可能会转译为一个"主控开关"，能够响应某种化学物质从而激活一系列酶。

合成生物学的终极目标是将这些人工设计的基因组拼合起来，制造出人造生命，利用它们来生产新型药物、生物燃料、食品添加剂以及其他有用的化学物质。不过我们还不能高兴得太早，应该清醒认识到我们距离制造出，比如用以制作辣豆酱的合成鳄鱼还有很长的路要走。我们目前所能及的最复杂的生物是真菌。

虽然你可能不认为酿酒师所用的酵母菌是多么高等的生物，但在细胞层次上，我们与酵母的相似程度要远高于我们与细菌的。一个名为 Sc 2.0 的项目计划"制造"一种重新设计过的合成版酿酒酵母（参见第 54 页），而且是一个染色体接着一个染色体地去做。这个国际研究小组采取了"不断去除直到崩溃"的策略，试图通过去除不重要的基因简化天然酵母的基因组，然后插入一小段他们自己合成的基因片段，以检验这段基因是否如他们所设想的那样工作。但目前他们只完成了一条染色体。所得结果可能是破坏性的（对酵母菌来说），但也可能会带来启示，揭示出制造出一个活的生物到底需要什么。

重新设计生命

50 未来燃料

当化石燃料耗尽之时，我们该何去何从？难道那时我们只能用太阳能电池板和风力发电机来驱动所有东西？那倒不必。化学家正在研究如何通过新的途径制造不会向大气排放二氧化碳的燃料。然而，难点在于如何制备它们而不耗尽地球更多的宝贵资源。

当今世界所面对的两大技术难题都与燃料有关：其一，化石燃料正趋于耗尽；其二，燃烧化石燃料会向大气中排放温室气体，让我们星球的自然环境不断恶化。解决这两个问题的办法似乎也很简单：停止使用化石燃料即可。

减少对化石燃料的依赖意味着我们要找到其他方法来驱动我们的文明。虽然太阳能和风能可以分担我们能源需求的一大部分，但它们不是燃料。我们可以将它们并入国家电网，却无法将它们加到油箱之中，而这正是化石燃料的优越之处：能量以化学能的形式存在于液体之中。

但电动汽车不是已经完美解决这个问题了吗？为什么不能把汽车都换成电动的，那样不就可以使用电网中的太阳能了吗？问题在于，在目前，化石燃料携带能量的效率要高得多。也就是说，单位重量的石油制

大事年表

1800 年	1842 年	20 世纪 20 年代
通过电解水产生氢气和氧气	马蒂亚斯·施莱登提出光合作用会分解水	开发出以氢气和一氧化碳为原料合成液体燃料的费托合成法

人造树叶

人造树叶，又称为"水分解器"，往往具有一个通用的模式：将分解水的两个半反应分开处理。两边各是一个电极，中间由一层薄膜隔开，阻止大部分分子通过。两边的电极由半导体材料（比如用于制造太阳能电池板的硅）制成，负责吸收阳光中的能量。其中一边的电极上包裹着能将水中的氧分解出来的催化剂，另外一边电极上的催化剂则能让氢离子和电子结合，生成最为重要的氢气。一些装置需要使用稀有而昂贵金属（比如铂）作为催化剂。但科学家正在寻找廉价、耐久且具有可持续性的替代材料。为了找到最好的材料，科学家正在从上百万种催化剂中进行"高通量筛选"。化学家不但要考虑它们的催化能力，还得考虑它们的耐久性、价格以及制备它们所需的材料是否易得。一些研究者甚至以植物在光合作用中所使用的有机分子作为模板设计催化剂。

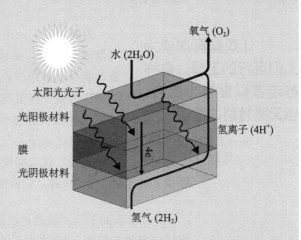

品含有更多的能量，这使得它们成为有些交通工具（比如飞机）难以替代的能量来源。除非电池技术出现突破性进展，它们的重量又能大幅下降，我们才有可能毫无顾忌地去建造太阳能电厂和风力发电机，否则我们依旧需要燃料。另外，由于我们的能源系统是建立在燃料基础

1998 年
美国国家可再生能源实验室的科学家制造出不稳定的人造树叶

2011 年
合成出成本低于 50 美元的廉价低功率人造树叶

2014 年
Solar-Jet 项目演示用一氧化碳、水和阳光制造航空燃料的方法

上的，这意味着如果我们能够开发出清洁的替代品，就不需要对其进行大幅变动。

> **"**让双脚再次成为人们远行的工具。这样行走者以食物为燃料，也无需特别的泊位。**"**
>
> —— 刘易斯·芒福德，
> 历史学家、哲学家

为氢烦恼　一个可能的解决方案有赖于那个位于元素周期表左上角、最轻、最简单的元素。没错，那就是氢。氢其实早就被用作火箭燃料，这也让它更加像是一个完美的解决方案。在氢动力汽车中，氢气会在燃料电池中与氧气反应并释放能量驱动汽车，同时生成水。它非常清洁，而且没有碳原子参与反应。但问题是，到哪儿去找用之不尽的氢呢？以及如何才能安全地携带它呢？众所周知，只要一点氧气和一个小火花，它就能造成剧烈爆炸。

化学家面对的首要挑战是找到用之不尽的氢资源。1800 年，威廉·尼科尔森和安东尼·卡莱尔将一个原始电池的两个电极插入一个装水的试管中，从而制造出氢（参见第 90 页）。事实上，这一"分解"水的过程也正是植物在光合作用中所做的。而化学家正在努力研制人造树叶来模拟这一过程（参见第 199 页"人造树叶"）。

人工光合作用已经成为一个宏大的科学项目，政府为此投入了上亿美元，试图制造出有效的水分解装置。其中最主要的任务是找到能够采集阳光的材料（就像太阳能电池板中的材料），以及能够催化生成氢和氧的材料。目前的关注点集中在寻找一些价格适中的普通材料，而且不会只用几天就分解。

老问题，新方案　如果能够顺利解决这些问题，我们甚至可以用氢气制作更为传统的燃料。利用费托合成法，我们可以将氢气和一氧化碳的混合气（又称为合成气）转化为碳氢化合物燃料（参见第 62 页）。这可以避免新建一整套"加氢站"的麻烦。而且合成气还有另外一种合成方法：将二氧化碳和水蒸气的混合物加热到 2200℃，就会生成氢气、一氧化碳和氧气。但这一方法存在很多问题：首先，达到这样高的温度需要耗费大量能量；其次，混合气体中氧气和氢气共存，会成为严重的安全隐患。一些最新型的分解水的装置也面临同样的问题，因为它们没有分离水分解反应所产生的氢气和氧气。

> ## "氢气奴隶"
>
> 另外一种制取氢气的方法是"圈养"能够进行光合作用的蓝绿藻或者植物，让它们为我们生产。某些藻类会分解水，产生氧气、氢离子和电子，然后利用氢化酶让氢离子和电子结合，生成氢气。还可以通过基因工程为这些藻类重新规划一些反应，使得它们能够生产更多的氢气。科学家已经确认了一些重要的基因。

2014 年，欧洲 Solar-Jet 项目的化学家完成了一项壮举，他们利用费托合成法将合成气转化为了航空燃料。尽管他们只得到了一点点，但这一成果却可以认为是一个里程碑，因为他们使用了"太阳模拟器"完成这一转化。所谓的太阳模拟器其实是模拟了太阳能聚光器，后者是一种巨大的凹面镜，能够将阳光会聚到一点产生非常高的温度。研究者用这种来自太阳的热能制造了合成气，从而克服了能源问题，并用一种吸氧材料氧化铈解决了氧带来的爆炸隐患。

因此在某种意义上，化学家已经解决了问题。他们已经能够用取之不尽的太阳能制造清洁燃料，甚至航空燃料。但接下来的事情并不会一帆风顺。像往常一样，这里的难点在于，如何廉价、可靠地进行生产，而不在这个过程中耗尽地球上所有的宝贵资源。现如今，聪明的化学家不仅在制造你所需要的，他们还在想方设法以可持续的方式制造它们。

清洁、可携带的能源

化学元素周期表

元素周期表中的化学元素按照原子序数顺序排列，并体现出其化学性质的周期性变化。同一列（族）中的元素具有相似的化学性质，而同一行（周期）中的元素从左到右原子质量不断增加。

族

周期	1	2	3	4	5	6	7	8	9
1	1.0 1 **H** 氢								
2	6.9 3 **Li** 锂	9.0 4 **Be** 铍							
3	23.0 11 **Na** 钠	24.3 12 **Mg** 镁							
4	39.1 19 **K** 钾	40.1 20 **Ca** 钙	45.0 21 **Sc** 钪	47.9 22 **Ti** 钛	50.9 23 **V** 钒	52.0 24 **Cr** 铬	54.9 25 **Mn** 锰	55.8 26 **Fe** 铁	58.9 27 **Co** 钴
5	85.5 37 **Rb** 铷	87.6 38 **Sr** 锶	88.9 39 **Y** 钇	91.2 40 **Zr** 锆	92.9 41 **Nb** 铌	96.0 42 **Mo** 钼	(98) 43 **Tc** 锝	101.1 44 **Ru** 钌	102.9 45 **Rh** 铑
6	132.9 55 **Cs** 铯	137.3 56 **Ba** 钡	† 镧系	178.5 72 **Hf** 铪	180.9 73 **Ta** 钽	183.8 74 **W** 钨	186.2 75 **Re** 铼	190.2 76 **Os** 锇	192.2 77 **Ir** 铱
7	(223) 87 **Fr** 钫	(226) 88 **Ra** 镭	‡ 锕系	(261) 104 **Rf** 𬬭	(262) 105 **Db** 𬭊	(266) 106 **Sg** 𬭳	(264) 107 **Bh** 𬭛	(277) 108 **Hs** 𬭶	(268) 109 **Mt** 䥑

† 镧系	138.9 57 **La** 镧	140.1 58 **Ce** 铈	140.9 59 **Pr** 镨	144.2 60 **Nd** 钕	(145) 61 **Pm** 钷	150.4 62 **Sm** 钐	152.0 63 **Eu** 铕
‡ 锕系	(227) 89 **Ac** 锕	232.0 90 **Th** 钍	231.0 91 **Pa** 镤	238.0 92 **U** 铀	(237) 93 **Np** 镎	(244) 94 **Pu** 钚	(243) 95 **Am** 镅

原子质量
（各种同位素的均值）

示例

58.9	27
Co	
钴	

原子序数
元素符号

元素名称

族

18
4.0 2
He
氦

族

13　14　15　16　17

10.8 5	12.0 6	14.0 7	16.0 8	19.0 9	20.2 10
B 硼	**C** 碳	**N** 氮	**O** 氧	**F** 氟	**Ne** 氖
27.0 13	28.1 14	31.0 15	32.1 16	35.5 17	39.9 18
Al 铝	**Si** 硅	**P** 磷	**S** 硫	**Cl** 氯	**Ar** 氩

10　11　12

58.7 28	63.5 29	65.4 30	69.7 31	72.6 32	74.9 33	79.0 34	80.0 35	83.8 36
Ni 镍	**Cu** 铜	**Zn** 锌	**Ga** 镓	**Ge** 锗	**As** 砷	**Se** 硒	**Br** 溴	**Kr** 氪
106.4 46	107.9 47	112.4 48	114.8 49	118.7 50	121.8 51	127.6 52	126.9 53	131.3 54
Pd 钯	**Ag** 银	**Cd** 镉	**In** 铟	**Sn** 锡	**Sb** 锑	**Te** 碲	**I** 碘	**Xe** 氙
195.1 78	197.0 79	200.6 80	204.4 81	207.2 82	209.0 83	(210) 84	(210) 85	(220) 86
Pt 铂	**Au** 金	**Hg** 汞	**Tl** 铊	**Pb** 铅	**Bi** 铋	**Po** 钋	**At** 砹	**Rn** 氡
(271) 110	(272) 111	(285) 112	(284) 113	(289) 114	(288) 115	(292) 116	(294) 117	(294) 118
Ds 鐽	**Rg** 铑	**Cn** 鎶	**Nh** Nihonium	**Fl** 铁	**Mc** Moscovium	**Lv** 铊	**Ts** Tennessine	**Og** Oganesson

157.3 64	158.9 65	162.5 66	164.9 67	167.3 68	168.9 69	173.0 70	175.0 71
Gd 钆	**Tb** 铽	**Dy** 镝	**Ho** 钬	**Er** 铒	**Tm** 铥	**Yb** 镱	**Lu** 镥
(247) 96	(247) 97	(251) 98	(252) 99	(257) 100	(258) 101	(259) 102	(262) 103
Cm 锔	**Bk** 锫	**Cf** 锎	**Es** 锿	**Fm** 镄	**Md** 钔	**No** 锘	**Lr** 铹

致　　谢

非常感谢 Chemistry Super-Panel 的全体成员在本书写作过程中提供了宝贵的想法和建议，他们是雷谢勒·伯克斯（@DrRubidium）、德克兰·弗莱明（@declanfleming）、苏珊·孔杜（@FunSizeSuze）以及戴维·林赛（@ DavidMLindsay）。还要感谢《化学世界》杂志的工作人员给予了我非常有益的帮助和支持——感谢菲利普·布罗德威思（@broadwithp）、本·瓦尔斯勒（@BenValsler）以及帕特里克·沃尔特（@vince0noir）。特别感谢利兹·贝尔（@liznewtonbell）在最后两周对全书进行了通读和检查，还有约翰尼·贝内特一如既往地提供了后勤保障。最后，还要感谢詹姆斯·威尔斯和克丽·恩索尔在本书刚刚开始时的一些艰难日子里对我的理解，以及理查德·格林、贾尔斯·斯帕罗和丹·格林为我最终完成本书所给予的指导。

译后记

当我开始着手翻译这本书时，那则"我们恨化学"的广告正把化学界闹得沸沸扬扬。一时间，许多著名化学家包括几位德高望重的院士都站了出来要捍卫化学的荣誉。

这个事件可以看作是化学界对多年来所受"委屈"的一次爆发。化学的确是受了太多的委屈。没有哪门科学像化学这样为我们带来了这么多美好的事物。可以毫不夸张地说，没有化学，我们不但将失去生活中所有与"现代"有关的东西，甚至连吃饱穿暖都会成问题！然而也没有哪门科学像化学这样不受待见。在大多数人眼中，化学总是与有毒、爆炸、肮脏以及危险相连，化工企业更是公众避之不及的"灾星"。这则广告虽然无知又恶劣，却利用了大众对化学的偏见。

因此，我认为这次事件其实是一件好事，至少让公众听到了化学界的声音，或多或少了解了一些化学为我们这个世界所做的贡献。然而仅仅这样还远远不够，公众的偏见不可能因为化学界的一两次爆发就会发生改变。提高化学的形象是一个长期而持久的工作，需要整个化学界的努力。一方面，我们要改变化学的研究方法，让它变得更清洁、更绿色；另一方面，我们这些化学工作者也应该在争项目、写论文之余抽出一些时间向大众做一些科普工作，让更多的人了解化学、热爱化学，这是我们义不容辞的责任。

但要想把这项工作做好，做得有趣，能够真正吸引大众，并不是一件容易的事情，需要花费大量的精力和时间。而广大化学工作者在科研工作和绩效考核的重压之下，大都把时间花费在了实验和论文之中，根本无暇顾及这种费力不讨好的工作。结果就是，一方面化学家正在努力工作让我们的世界变得更美好，另一方面公众与化学之间的隔阂却越来越大。

当我即将完成这本书的翻译工作时，又有一则消息在学术界和公众中激起了一些波澜。那就是在英国《自然》杂志网站发布的 2016 年度自然指数排名中，中科院蝉联科研机构全球第一。在我看来，这也是一件好事，至少说明我们的科学家在科学界已经有了一定的地位和话语权。如果我国公民的科学素养也能排名世界前列，那就更好了。而这除了需要政府的支持之外，还需要有更多的科学工作者去做一些科普工作。

幸好，还有些人乐意去做这些事情，比如本书的作者。

不过当我刚刚拿到这本书时，我却不禁有一些担忧。在一个读图时代，这样一本几乎没有图的书能否吸引读者的关注？但当我读完之后，我放心了，因为这本书相当有趣。作者选取了化学中 50 个最基础、最重要、最前沿的知识，就每个知识写作一篇短文，以通俗易懂、生动有趣的语言讲述它们的发展历程以及化学家为之付出的努力和艰辛。读者在读完之后一定会发现，原来化学为我们创造了这么多好东西！

此外，虽然作者为书中的 50 篇文章排列了顺序，但读者完全可以按照自己的喜好，从其中任何一篇开始读起。次序不会影响对这些知识的理解。

最后感谢图灵公司给我这个机会翻译这本书，感谢各位编辑在本书翻译过程中给我提供的帮助。译者水平有限，书中难免存在错误，还请读者不吝赐教。

卜建华

2016 年 7 月